水利科技成果推广转化后评估方法和制度

广东水利电力职业技术学院　范群芳　著

中国水利水电出版社
www.waterpub.com.cn
·北京·

内 容 提 要

　　本书在总结水利科技成果推广转化经验、剖析现状转化机制存在问题的基础上，顺应科技成果评价改革背景，开展了水利科技成果推广转化后评估方法体系和制度研究。本书选取水利科技成果典型案例，重点对水利科技成果转化全过程进行评估，并以评估结果为依据，提出下一步水利科技成果推广转化的建议措施。

　　本书可为水利科研机构、水利企业、水行政主管部门、其他行业相关部门开展科技成果评价提供方法依据和制度参考。

图书在版编目（CIP）数据

水利科技成果推广转化后评估方法和制度 / 范群芳
著. -- 北京：中国水利水电出版社，2025. 1. -- ISBN
978-7-5226-3111-0

Ⅰ. TV-12

中国国家版本馆CIP数据核字第2025A5Z359号

书　　名	水利科技成果推广转化后评估方法和制度 SHUILI KEJI CHENGGUO TUIGUANG ZHUANHUA HOUPINGGU FANGFA HE ZHIDU
作　　者	广东水利电力职业技术学院　范群芳　著
出版发行	中国水利水电出版社 （北京市海淀区玉渊潭南路1号D座　100038） 网址：www. waterpub. com. cn E - mail：sales@ mwr. gov. cn 电话：（010）68545888（营销中心）
经　　售	北京科水图书销售有限公司 电话：（010）68545874、63202643 全国各地新华书店和相关出版物销售网点
排　　版	中国水利水电出版社微机排版中心
印　　刷	清淞永业（天津）印刷有限公司
规　　格	170mm×240mm　16开本　4.75印张　68千字
版　　次	2025年1月第1版　2025年1月第1次印刷
定　　价	**58.00元**

前　言

在创新驱动发展和科技体制改革的新形势下，科技评估的地位不断加强。目前，国家层面的科技监督和评估体系已经覆盖包含科技战略、规划、政策实施、科技计划、项目资金、科研机构管理、科技成果转移转化的科研活动全周期。近年来，在中央宏观政策的指引下以及基于自身发展的需要，我国越来越重视各项工作后评估工作的开展，希望通过后评估，总结经验，吸取教训，提高效益，提高决策水平，把握新项目投资方向、规模和发展策略。例如，科技计划项目的管理包括事前评估、事中评估和事后评估，分别对应项目立项、实施管理和项目验收阶段。事后评估是科技计划项目全过程管理的一个环节，是"点"的评估，与前面评估链接形成"线"的评估，通过评估发现问题、提出对策，提升科技计划项目的管理水平。

水利部办公厅 2020 年 6 月 15 日印发了《水利科技推广工作三年行动计划（2020—2022 年）》（办国科〔2020〕133 号），其中两项重点任务是：①针对节水、水生态保护与修复等重点领域关键性技术成果，加强推广运用过程追踪。建立主管部门、用户、第三方评价和成果抽查相结合的成效评估机制。②加强评估结果运用，发挥后评估结果导向作用，逐步建立以评估结果为依据的水利科技成果动态更新管理机制。可见，水利科技成果推广转化后评估，是水利科技成果推广转化管理工作的重要环节。

为总结水利科技成果推广转化经验、剖析现状转化机制存在的问题，本书开展了水利科技成果推广转化后评估方法和制度研究。本书选取了水利科技成果典型案例，重点对水利科技成果转化全过程进行评估，开展推广运用过程追踪和综合评估，总结成效，发现不足，总结水利科技成果推广转化经验、发现现状转化机制存在的问题，并以评估结果为依据，提出下一步水利科技成果推广转化的建议措施。水利科技推广工作要强化需求牵引，坚持问题导向和目标引领，面向水利行业，吸收行业外的工作经验，为水行政主管部门决策提供参考建议。

本书依托水利重大科技问题研究项目"水利科技和标准化支撑保障作用战略研究"（编号：201921）课题四"水利科技推广转化支撑保障作用研究"专题五"水利科技推广转化后评估制度研究"的研究成果。衷心感谢项目组成员在本书出版中给予的指导和支持！特别感谢杨芳、谷金钰、黄春华、曾碧球、马志鹏、刘晋、张劲、杨栗晶、梁志松、刘汾涛、刘玉娟、林晓璐、李博、张慧、吴婵等同志在本书编写过程中给予的指导！

由于编写时间仓促，书中难免出现不妥之处，敬请读者批评指正。

作者

2024 年 5 月

目 录

前言

第1章　概述 ┈┈┈┈┈┈┈┈┈┈┈┈┈┈┈┈┈┈┈┈┈┈ 1

　1.1　研究背景和意义 ┈┈┈┈┈┈┈┈┈┈┈┈┈┈┈ 1

　1.2　本书内容 ┈┈┈┈┈┈┈┈┈┈┈┈┈┈┈┈┈┈┈ 4

第2章　水利科技成果推广转化现状 ┈┈┈┈┈┈┈┈ 7

　2.1　水利科技成果推广转化现状水平 ┈┈┈┈┈┈ 7

　2.2　水利科技成果推广转化体制机制现状 ┈┈┈┈ 8

　2.3　水利科技成果推广转化面临的问题 ┈┈┈┈┈ 9

第3章　水利科技成果推广转化后评估研究进展 ┈┈ 11

　3.1　相关概念 ┈┈┈┈┈┈┈┈┈┈┈┈┈┈┈┈┈┈ 12

　3.2　科技成果评估发展现状 ┈┈┈┈┈┈┈┈┈┈┈ 15

　3.3　后评估方法研究进展 ┈┈┈┈┈┈┈┈┈┈┈┈ 19

第4章　水利科技成果推广转化后评估方法体系和制度研究 ┈┈ 23

　4.1　水利科技成果推广转化后评估方法体系 ┈┈┈ 23

　4.2　水利科技成果推广转化后评估制度 ┈┈┈┈┈ 33

第5章　后评估典型案例 ┈┈┈┈┈┈┈┈┈┈┈┈┈┈ 37

　5.1　城市洪涝实时监测、模拟及防御技术 ┈┈┈┈ 39

　5.2　水资源综合调度关键技术 ┈┈┈┈┈┈┈┈┈┈ 42

　5.3　城镇水环境治理和水生态修复关键技术 ┈┈┈ 45

　5.4　天地一体化立体监测技术 ┈┈┈┈┈┈┈┈┈┈ 48

　5.5　山洪灾害监测预警关键技术 ┈┈┈┈┈┈┈┈┈ 52

5.6 水利工程动态监管系统 ·················· 55

第6章 水利科技成果推广转化未来工作方向 ·········· 59

6.1 科技成果培育与征集 ·················· 59

6.2 科技成果转化平台建设 ················· 60

6.3 科技成果示范推广 ··················· 61

6.4 科技成果推广转化机制建设 ·············· 62

第7章 结论与建议 ····················· 65

7.1 结论 ························· 65

7.2 建议 ························· 66

参考文献 ·························· 68

第1章

概　述

1.1　研究背景和意义

1.1.1　研究背景

在落实创新驱动发展战略的背景下，国家高度重视科技成果转化。2014年6月9日，在中国科学院第十七次院士大会、中国工程院第十二次院士大会上，习近平指出："多年来，我国一直存在着科技成果向现实生产力转化不力、不顺、不畅的痼疾，其中一个重要症结就在于科技创新链条上存在着诸多体制机制关卡，创新和转化各个环节衔接不够紧密。就像接力赛一样，第一棒跑到了，下一棒没有人接，或者接了不知道往哪儿跑。"2014年8月，在中央财经领导小组第七次会议上，习近平指出，要杜绝科研经济两张皮，一个是科技创新的轮子，另一个是体制机制创新的轮子，两个轮子共同转动，才有利于推动经济发展方式根本转变。在2016年"科技三会"（全国科技创新大会、两院院士大会和中国科协第九次全国代表大会）和2018年两院院士大会上，习近平强调，要改革科技评价制度，建立以科技创新质量、贡献、绩效为导向的分类评价体系，正确评价科技创新成果的科学价值、技术价值、经济价值、社会价值、文化价值。十九届四中全会提出，要改进科技评价体系。

为实施创新驱动发展战略，激发人的积极性，实现动力转换，国家修正了《中华人民共和国促进科技成果转化法》。突出问题导向，针对科技成果供求双方信息流通、考核评价体制重成果轻应用、转化收益上缴财政多、转化服务薄弱等问题，该次修正共新增、调整了约 32 项重要制度。重要制度突破包括：下放成果处置、使用、收益权，定价免责，奖励不受绩效工资总额限制等。

国家颁布了四部法律，从制度层面保障科技成果转化的规范化，分别是《中华人民共和国促进科技成果转化法》《中华人民共和国专利法》《中华人民共和国合同法》《中华人民共和国知识产权法》。《中华人民共和国促进科技成果转化法》从成果转化相关内涵、组织实施、保障措施、技术权益、法律责任等角度，促进和规范科技成果转化行为。《中华人民共和国专利法》从专利的申请、授予、保护强制许可等，保护专利权人合法权益，为促进科技成果产出提出法律保护。《中华人民共和国合同法》从合同订立、效力、变更、违约等，保护合同双方的权利，包含了职务技术成果的含义。《中华人民共和国知识产权法》在调整知识产权的归属、行使管理和保护等工作中，保护知识产权。科技成果属于智力成果，是知识产权的客体之一。

自 2015 年 8 月 29 日《中华人民共和国促进科技成果转化法》修正后，国家陆续出台多项文件，规范和指导科技成果转化活动，有：国务院《实施〈中华人民共和国促进科技成果转化法〉若干规定》、中共中央和国务院办公厅《关于实行以增加知识价值为导向分配政策的若干意见》、国务院办公厅《促进科技成果转移转化行动方案》、国务院办公厅《关于抓好赋予科研机构和人员更大自主权有关文件贯彻落实工作的通知》（国办发〔2018〕127 号）等。

各部委也相继出台指导性文件，规范和指导各行业科技成果转化活动，有：国家国防科工局《关于促进国防科技工业科技成果转化的若干意见》、教育部和科技部《关于加强高等学校科技成果转移转化工作的若干意见》、教育部《促进高等学校科技成果转移转化行动计划》、交通运输部《交通运输部促进科技成果转化暂行办法》、农业部等 5 部门《关于扩大种业人才发展和科研成果权益改革试点的指导意见》、国土资源部《国土资源部促进科技成果转化暂行办法》、中国科学院《中国科学院促进科技成果转移转化专项行动实施方案》等。

水利部高度重视科技推广和成果转化工作。近年来，陆续发布促进科技成果推广转化的制度文件，有：《关于实施创新驱动发展战略 加强水利科技创新若干意见》（水国科〔2017〕10号）、《关于促进科技成果转化的指导意见》（水国科〔2018〕30号）、《水利部事业单位科研人员职务科技成果转化现金奖励纳入绩效工资管理实施意见》（水人事〔2022〕158号）等。为加快推进水利科技成果转化，切实做好涉水重点领域成熟适用技术成果推广，水利部科技推广中心精心组织编制水利先进实用技术重点推广指导目录；开展国内国际成熟适用技术成果汇编，遴选一批水利先进实用技术；并多次组织召开水利先进实用技术推介会，指导建设多项成果转化中试基地，为水利行业先进技术推广提供了良好的平台。

为了识别、把握和管理水利科技成果推广活动的内容和实施效果，需要对水利科技成果推广工作进行评价，在评价的过程中发现问题并逐步改进。后评估对科技推广工作结果与预期目标、工作计划、完成效果以及过程的正确性进行评价，对未来趋势预测给出建议，为下一周期的工作决策和管理提供科学、可靠的参考依据，是现代管理科学闭环管理中的重要环节。

本书通过对水利科技成果推广转化现状水平进行分析，对现状转化体制机制存在的问题进行剖析，提出对策，重点对水利科技成果转化成效进行评估，发现不足，对水利科技成果推广提出建议措施，为水利科研单位、水利科技推广主管部门提供参考和建议。

1.1.2 研究意义

水利科技成果推广转化规划（计划）、水利科技成果推广转化年度报告、水利科技成果推广转化后评估，分别对应"事前评估—事中评估—事后评估"的全过程管理。水利科技成果推广转化规划（计划）尚在起步阶段；水利科技成果推广转化年度报告已经开展多年；水利科技成果推广转化后评估，是未来水利行业即将开展的工作，在部门决策和科技成果转化管理过程中都将发挥重要作用，主要功能有展示绩效、改进管理、支撑决策、实现问责、督促落实、统筹协调、预见预判等。水利科技成果推广转化的研究意义具体体现在以下方面：

（1）为行业主管部门或水利科技成果推广主管部门决策提供依据。通过选取典型案例开展后评估工作，总结成果转化成效的同时，发现典型案例在科技成果推广转化中的不足，为主管部门在政策指引、平台作用发挥、靶向投入等决策中提供方向。

（2）为评估单位提供未来发展方向。通过评估单位对自身水利科技成果的自评估，主管部门的现场评估和综合评估，找到各评估单位的水利科技成果推广转化工作在技术、投入、市场、制度方面的不足，为评估单位未来的水利科技成果推广转化工作提供重点指引。

（3）引导水利科技成果推广转化工作沿着正确方向发展。后评估的评估指标和标准的设计，是水利科技成果推广转化工作的引导方向。科学设置后评估指标体系和评估标准，有助于引导成果转化工作向正确的方向推进。指标体系和评估标准，应能根据水利科技成果推广转化工作的推进情况适时调整。

1.2　本书内容

本书内容依托"水利科技和标准化支撑保障作用战略研究"项目的研究成果。该项目是水利部三个宏观重大研究项目之一，针对水利学科发展、创新能力、科技成果推广转化和标准化工作，开展基础性、前瞻性和战略性研究。该项目课题四"水利科技推广转化支撑保障作用研究"侧重水利科技成果推广转化机制和对策研究，其中课题四专题五"水利科技推广转化后评估制度研究"是整个课题的出口之一，其研究工作与其他专题密不可分，其他专题的研究成果是专题五的重要工作依据。专题五对水利科技成果推广转化的质量、贡献、绩效进行评估，为下一周期的工作决策和管理提供科学、可靠的参考依据，是现代管理科学闭环管理中的重要环节。

为了识别、把握和管理水利科技成果推广转化活动的内容和实施效果，需要对水利科技成果推广转化工作的成效进行评估，通过评估发现问题并提出对策建议。具体内容如下：

（1）资料搜集和调研。首先明确研究对象范围，并初步制定评估指标体系框架；然后搜集水利科技成果推广转化制度建设情况、现状推广转化情况等资料；通过对研究对象在行业内外的调研，对初步的评估指标体系框架进行意见征询和调整，并补充搜集相关资料。

（2）构建水利科技成果推广转化后评估指标体系。紧密结合其他内容，根据资料搜集情况和调研情况，遵循科学性、综合性、相对独立性、数据可获取性、数据延续性等原则，构建适用于单位、行业的水利科技成果推广转化质量、贡献、绩效的评估指标体系。

（3）提出水利科技成果推广转化后评估方法。针对单位层面，提出"1-2-3-4"的评估方法体系。针对水利科技成果推广转化这一过程，从定性和定量两个角度，融合百分制、层次分析、对比分析等三种方法，开展后评估工作，提出水利科技成果推广转化的后评估方法，从技术水平、效益分析、知识产权等方面确定评价指标。

（4）对现状水利科技成果推广转化活动开展后评估。根据评估范围，选取水利行业和试点单位，采用"1-2-3-4"的评估方法开展典型水利科技成果推广转化后评估工作，重点对水利科技成果转化的质量、贡献和成效进行评估。

（5）提出水利科技成果推广转化对策建议。对行业和试点单位的水利科技成果推广转化情况进行分析，从技术研发投入、知识产权保护、推广政策支持等方面提出对策建议。

（6）提出水利科技成果推广转化后评估制度。结合水利科技成果推广转化现状分析成果，结合后评估的目的，提出水利科技成果推广转化后评估工作的对象、范围、流程、方法等内容，形成一套后评估制度，对水利科技成果推广转化情况进行分析评价。

本书成果可为水利科技成果推广主管部门、水利高校、科研院所、水利企业等提供水利科技成果推广转化工作的参考建议。其中对主管部门的建议包括：未来水利科技成果推广政策的制定、平台建设、产学研协同创新等；对技术持有方的建议包括：水利科技成果培育和示范推广、市场应用前景预判、政策适用性分析等。

第2章

水利科技成果推广转化现状

2.1 水利科技成果推广转化现状水平

根据《水利部部属科研机构科技成果转化年度总结报告（2022年）》的数据，以部属科研机构为统计对象，主持或参与完成的139项成果获省部级以上奖励，新增专利1119件、软件著作权337项，发表论文2339篇。2022年完成签订科技成果转化合同4511项，总经费392139.45万元，合同数量同比增加8.86%，总经费同比增加14.22%，均创历史新高。其中，签订技术开发、技术咨询和技术服务类合同4498项，经费389501.45万元，合同数量同比增加8.79%，经费增加14.16%；通过科技成果转让、许可、作价投资方式转化科技成果项目合同共13项，经费2638万元，合同数量同比增加85.71%，经费同比增加22.64%。从合同经费来看，通过转让、许可、作价投资等形式实现科技成果转化的，占当年科技成果转移转化总经费的0.67%。可以看出，目前水利行业的科技成果推广转化方式以技术开发、技术咨询和技术服务等形式为主，转让、许可、作价投资等形式尚待加强。

由水利部科技推广中心与河海大学合作开发的水利科技成果交易平台，已经正式上线。河海大学的400多项专利成果已经入库，通过该平台成功实现转化交易的成果，已经达到40余项。

2.2 水利科技成果推广转化体制机制现状

水利部深入贯彻落实《中华人民共和国促进科技成果转化法》、国务院《实施〈中华人民共和国促进科技成果转化法〉若干规定》和国务院办公厅《促进科技成果转移转化行动方案》等，结合水利行业实际，编制完成并出台了《关于实施创新驱动发展战略 加强水利科技创新若干意见》（水国科〔2017〕10 号）。为进一步深化落实科技成果推广转化工作，出台了《关于促进科技成果转化的指导意见》（水国科〔2018〕30 号），在激发推广转化活力、促进有效转化、信息公开与共享、加强保障措施等方面提出了政策措施。

水利部科技推广中心先后出台了《水利先进实用技术重点推广指导目录管理办法》《水利部科技推广中心技术推广基地管理办法》《水利部科技推广中心水利科技成果评价管理办法》《水利部科技推广中心推广工作站管理办法》等。水利部印发的《水利部事业单位科研人员职务科技成果转化现金奖励纳入绩效工资管理实施意见》（水人事〔2022〕158 号），规范了职务科技成果转化现金奖励纳入绩效工资分配管理。

近年来，水利科技成果推广工作组织体系建设有所突破，自上而下的水利科技成果推广工作组织机制已初步形成。水利行业科技成果推广工作由水利部国际合作与科技司归口管理，其负责"指导水利技术推广工作"。水利部科技推广中心负责水利科技推广有关政策、规划的编制工作；组织科技推广与奖励工作；承办科技咨询、技术服务和项目评估工作"。

近年来，中央水利科技成果推广投入财政资金约 4000 万元每年，设立水利技术示范项目，主要用于支持水利科技成果推广体系建设、水利先进技术试验示范和水利新技术评价、培训、宣传及推介交流等工作，并取得初步的成效。水利部自 2019 年开始，设立实施水利部重大科技项目计划，促进不同渠道优势资源和力量参与水利科技研发和成果推广工作。

为有效促进水利科技成果转化，水利部建立并不断优化升级水利科技成果信息平台，增补水利成果信息至 3600 余条。通过开展技术交流、培训、展览展示和推介活动，利用报刊、网络等形式，加强科技成果宣传力度。通过多种途径，不断推进水利科技成果推广转化。水利科技成果推广模式不断创新，推广手段日趋丰富，推广效益不断显现。成功举办全国科普日水利科普主场活动，并推荐水利行业 21 家单位入选全国科普教育基地，进一步发挥科普对水利科技创新成果转化的促进作用。

2.3 水利科技成果推广转化面临的问题

（1）现行科技成果评价体系制约成果的推广转化。国务院办公厅发布《关于完善科技成果评价机制的指导意见》（国办发〔2021〕26 号）指出，应"坚决破解科技成果评价中的'唯论文、唯职称、唯学历、唯奖项'问题"，目前的科技成果评价仍存在单纯重数量指标、轻质量贡献等不良倾向，以破除"唯论文"和"SCI 至上"为突破口，不把论文数量、代表作数量、影响因子作为唯一的量化考核评价指标。科技成果与市场的脱轨使得科技推广转化难度很大。当前科研人员做课题，主要仍以论文发表、专利申请为导向，而把专利成果转换成市场产品的过程未给予足够重视，这项指标在整个科技成果评价体系中显得无足轻重。可见，传统科研成果评价标准影响了科技创新成效和成果转化，而从事科技成果转化工作的科研人员的职称评审、贡献认定无法适用现有的评价标准。

（2）部分科技成果的科技含量低，成果华而不实。尽管国家提出了"破四唯"（唯论文、唯职称、唯学历、唯奖项）的科技评价思路，然而目前的人才评价体系和项目申报评价仍以论文、奖项为主要考核指标。为此，水利科研工作者对水利科技创新的认识走进了误区，急功近利地追求科技创新成果的表现形式，与科技创新的真正内涵背道而驰。成果产出数量多，而原创性成果较少；概念性宏观性成果多，有市场推广潜力的产品和技术少；部分研究成果华而不实，造成科技资源的巨大浪费，科技成果的产出与推广转化距离尚远。

（3）供需脱节，现有科技成果难以满足市场推广的需求。科研的生命在于其成果的转化应用，科研工作如果脱离实际应用，就成了无源之水、无本之木。"闭门搞科研"的现象和"重研究、轻应用，重成果、轻推广"的观念仍不同程度存在。不少水利科研项目对国内外的发展现状、趋势关注度不够，科研项目的完成仅仅以研究报告、发表论文、完成成果验收指标为导向，以完成科研任务为目标，成果信息不对称、成果与市场需求脱节，鉴定之后便被束之高阁，推广和应用价值不高或者缺乏推广和应用的观念。此外，由于管理体制机制的僵化，以及成果市场化、产业化和运营商业模式不健全，导致优秀的科研成果得不到有效转化。

（4）考核机制与科技成果转化的规律不相适应。水利科技成果转化是个长期的过程，就成果本身而言，需要进行反复的试验和技术改进才能满足水利实际应用要求，需要科技人才花费大量的时间和精力，而且还需要承担失败的风险。目前水利科研单位的考核机制中针对科技成果转化的激励机制才刚刚起步，长期以来科技人员难以从成果转化中获取合理的经济利益，缺乏主观能动性和积极性，最终导致满足水利实际应用要求的水利科技成果有效供给不足。

（5）推广转化经费和人力投入不足。以公益性为主的水利科技成果推广转化对社会资金的吸引力不足，同时，国家财政扶持和投入力度不够。由于资金规模和推广渠道不足，制约了水利科技成果推广工作的顺利开展。目前水利行业的专业推广队伍薄弱。水利部设有水利部科技推广中心，七大流域机构只有黄河水利委员会设有科技推广中心，相关职能放在流域机构的国际合作与科技部门。水利科研机构尚未设置专职科技成果推广转化部门，职能暂放在科技计划处。队伍薄弱，导致水利科技需求和科技成果供给信息发布的内容不对称，推广转化效率待提高。

第3章

水利科技成果推广转化后评估研究进展

联合国评价小组（United Nations Evaluation Group，UNEG）在其最新的《评价规范和标准》中将评估定义为：对一项活动、项目、方案、战略、政策、主题、专题、行业部门、业务领域、机构绩效等开展的尽可能系统、公正的评价。

根据评估时间节点，评估可分为事前评估、事中评估和事后评估。事前评估是在科技活动实施前进行的评估，一般包括科技活动的可行性、目标、资源配置、预期效果等内容。事前评估的目的是为科技规划、政策的制定，科技计划、项目和机构的设立，资源配置等决策提供参考和依据。事中评估是在科技活动实施过程中进行的评估，一般包括实施进展、组织管理、预期目标实现程度、职责履行程度等内容。事中评估的目的是为科技规划、政策调整完善，优化科技管理、任务和经费动态调整等提供依据。事后评估是在科技活动完成时或完成一段时间后开展的评估，一般包括科技活动的预期目标完成情况、产出、效果、影响等内容。

水利科技成果转化后评估为事后评估，可为科技成果推广转化活动滚动实施、促进成果转化和应用、完善科技成果推广转化管理和追踪问效提供依据，也可为相关部门在改进政策或完善奖励制度时提供依据，同时也能对其他同类工作的开展起参考作用。

水利科技成果推广转化后评估工作是一项新兴工作。与之相关的评估工作主要是科技评估。科技评估是我国财政公共支出评估中起步较早、发展较快的领域。就其自身发展而言，科技评估的理论、模式需要根据创新驱动发展战略要求而相应转变。科技评估工作应贯彻习近平总书记关于科技创新的重要论述，适应创新驱动发展战略，适应从要素驱动向创新驱动转变的过程，建立以科技创新质量、贡献和绩效为导向的分类评价体系，正确评价科技创新活动。

科技评估是指遵循一定的原则和标准，运用规范的程序和方法，对科技活动及其有关行为和要素所开展的专业化评价和咨询活动。根据评估对象，科技评估主要包括科技战略和规划评估、科技政策评估、科技计划评估、科技项目评估、科技人才评价、科技机构评估、科技成果评估、区域科技创新评估等。

科技评估应遵循国际公认的基本原则，即独立性、可信性和有用性。独立性是指科技评估应不受外界干扰，独立开展评估活动，自主形成评估结果。可信性是指科技评估主体应诚实守信，评估证据应真实充分，评估结果应准确可靠。有用性是指评估能够对管理和决策及能力建设发挥作用。

水利科技成果推广转化后评估根据评估内容应涉及科技战略和规划评估、科技政策评估、科技项目评估和科技成果评估。评估类型应包括成效评估、影响评估、未来发展方向评估等。

3.1　相关概念

3.1.1　科技成果

1986 年版的《现代科技管理词典》中"科技成果"的定义为：科研人员在他所从事的某一科学技术研究项目或课题研究范围内，通过试验观察、调查研究、综合分析等一系列脑力、体力劳动所取得的，并经过评审或鉴定，确认具有学术意义和实用价值的创造性结果。该定义明确了科技成果与研究项目或课题对应，并经过评审或鉴定，具有实用性、学术性和创造性。

《中华人民共和国促进科技成果转化法》第二条规定，科技成果是指通过科学研究与技术开发所产生的具有实用价值的成果。

该规定明确了科技成果具有实用价值，更着眼于成果转化，未强调学术性和创造性，一般是指应用技术类成果。对知识产权的取得未规定，即包括已取得知识产权的成果，也包括未取得知识产权的成果，因此也应包括进入公共领域的科技知识、科技信息。

根据科技成果实用价值的特点，其概念包括三个方面：

（1）科技成果的形成是有前期投入的。本书中的科技成果一般是指应用类技术成果，与应用类科技项目或研究工作相对应。科技成果是经过研究和开发工作形成的，包括由政府财政资金资助的科技项目，也包括研究开发机构、高等院校和企业自行立项、自筹资金开展的科技项目。即科技成果是有前期投入的，投入的资金来源多样化。

（2）科技成果是有实用价值的。科技成果应是经过验收、评审、鉴定后，针对某一具体问题提出的一套完整的解决方案，具有实用价值。实用价值从技术价值、经济价值、社会价值等维度体现。

（3）科技成果不等同于知识产权。不仅仅是取得专利、软件著作权、获得新产品的成果，也包括尚未申请专利等知识产权的成果。因此科技成果根据工作实际情况，可能需要申请多项知识产权加以保护，可能由多项专利、技术秘密等组合而成。

3.1.2 水利科技成果

根据科技成果的定义和水利行业领域发展的内涵，水利科技成果是指高校、科研院所、企业等机构为水利行业科技进步和生产力的发展开展的各类科学技术研究、技术开发、技术咨询和技术服务，所产生的具有一定学术价值或技术应用价值，具备科学性、创造性、先进性等属性的新发现、新理论、新方法、新技术、新产品、新品种和新工艺等。该定义强调了科学性、创造性、先进性、实用性。水利科技成果同样也具有前期投入、具有实用价值，并不完全等同于知识产权。

3.1.3 科技成果评估

科技成果评估是科技评估的一类。根据评估对象的不同，科技评估分为：科技战略和规划评估、科技政策评估、科技计划评估、科技项目评估、科技人才评价、科技机构评估、科技成果评估、区域科技创新评估等。

根据时间节点的不同，科技评估分为事前评估、事中评估和事后评估。科技成果评估属于事后评估，即在取得科技成果后开展的评估，目的是从技术水平、取得效益、知识产权等方面，对科技成果的质量、贡献、绩效进行评估，为促进科技成果转化和应用，完善科技管理和成果追踪问效提供依据。

科技成果评估是指通过相关信息的采集、确认与对比，依据评价准则对科技成果进行客观描述，对科技成果的技术水平、经济价值、社会价值、应用前景、可行性及其研究实施状况等进行分析和预测，并提出专业咨询意见系统的、独立的并形成文件的过程。

科技成果评估以确定技术的核心价值为导向，考虑的因素主要是技术本身的一些指标，而这些指标值的确定或打分情况，主要依靠与技术本身有关的客观材料。

3.1.4 水利科技成果评估

水利科技成果评估是指通过水利科技成果的技术水平、推广转化效益、知识产权布局等信息的采集、确认与对比，依据定量和定性的评价准则，对水利科技成果的质量、贡献、绩效等进行客观描述，从水利科技成果的技术水平、经济价值、社会价值、应用前景、可行性及其研究实施状况等进行分析和预测，并从技术、市场、政策等方面，针对水利行业主管部门、成果持有方、用户方等提出专业咨询意见、形成水利科技成果评估报告的过程。

水利科技成果评估对象，是以业务司局需求和市场需求为导向，已经能够或经后续研发后能够解决实际问题的、具有不同成熟度、处于推广转化各个阶段的水利科技成果。

针对水利科技成果推广转化情况开展的后评估工作，是水利科技成果评估的专项工作，即对应用类水利科技成果的技术水平、推广转化阶段、推广转化价值和成效、推广转化方向等开展的专项重点评估。

3.1.5 水利科技成果评估主体

水利科技成果评估主体包括组织者、评估方、委托方（成果持有方）。

组织者是各级水利科技成果推广主管部门，负责制定水利科技成果评估计划、评估要求、组织方式等。

评估方是水利科技成果评估的执行单位，是第三方科技成果评估机构，由于水利行业的公益性属性较强，可以由组织方水利科技成果推广主管部门指定或委托。

委托方（成果持有方）是水利科技成果持有单位，负责提出水利科技成果评估需求、委托评估任务、提供评估经费、提供相关材料支持和提供评估条件保障。

3.2 科技成果评估发展现状

3.2.1 国外科技成果评估发展现状

国外科技管理实践表明，发达国家科技管理没有专门的"科技成果评估"，原因是发达国家没有"科技成果"的统一说法。而科技成果评估是科技评估的一类，国外许多国家都进行了科技评估工作。例如，对科研计划或项目完成后的评估，和我国开展的科技成果评估有类似之处。其中，美国、德国、法国、日本等国家都进行事前、事中和事后的连续评估；加拿大侧重对项目的后评估和计划项目的中期评估；瑞典比较重视计划的事中评估。发达国家主要以委托评估专业机构开展专利等知识产权评估为主。国外的科技评估工作在制度建设、评估方法、人员素养等方面的特点体现如下：

（1）制度建设：建立了制度规范和标准体系。例如，美国出台了价值评估基金制定的执业标准《价值评估行业统一操作标准》和美国评估专业人员协会颁布的《企业价值评估标准》等多项评估制度标准，为科学规范开展价值评估提供基准和依据。其中，《价值评估行业统一操作标准》明确了知识产权评估的操作规范和要求，并对评估报告的内容和格式等提出了具体规定。

（2）评估方法：形成了较为完善的评估方法。例如，美国对于专利的评估方法主要有收益现值法、成本法、规避设计法、可比交易法等。其中，收益现值法常用于评估专利的经济价值，主要评估专利的寿命、替代产品、设计回避、权利请求的范围、存续的期间、实施能力、侵权情况等。欧洲专利局采用货币法、尽职调查法和评级法等多种方法开展专利评估。日本学术振兴机构对基础研究项目执行情况的把握，是通过对项目成果的后评估实现的。日本基础研究项目成果的后评估由日本学术振兴机构组织专家形成评估小组进行评估，通过座谈会等形式对评估进行补充，并向公众介绍研究成果。

（3）人员素养：参与知识产权评估的行业组织及其人员需具备相关职业素养。在北美，作为无形资产一部分的知识产权的价值评估，主要由得到认可的企业价值评估协会的评估专业人员来进行，包括美国评估专业人员协会、国际咨询师评估专业人员分析师联合会和加拿大注册企业价值评估专业人员协会。同时，对评估人员的能力框架与知识结构提出了要求，如评估技术（专利）与软件（版权）的价值时，需要具备相应领域的技术素养，也需要相关的财务知识和法律知识。

3.2.2　国内科技成果评估发展现状

20 世纪 60 年代以来，我国就开始组织科技成果鉴定工作，主要成就体现在以下几个方面：制度建设、评估机构、评估标准规范、激励机制、人才队伍等。

（1）制度建设逐步成体系。第三方专业机构承担评估工作。20 世纪 60 年代以来，我国开始科技成果鉴定工作，颁布了《科学技术成果鉴定办法》等三部制度规范。到了 20 世纪 90 年代末，首次提出了科技成果评估的概念，2000 年 12 月制定出台了《科技评估管理暂行办法》等一系列办法，在促进科技成果完善和科技水平提高等方面发挥了重要作用。2015 年以来，国家制定颁布了《中华人民共和国促进科技成果转化法》等科技成果转移转化工作"三部曲"，对科技成果评估促进科技成果转化提出了新的要求。新形势下，科技成果鉴定存在过度依靠专家评审，而未通过市场和用户或社会实践进行检验和评估等弊端。2016 年科技部根据《国务院办公厅关于做好行政法规部门规章和文件清理工作有关事项的通知》（国办函〔2016〕12 号），发布《科技部关于对部分规章和文件予以废止的决定》（中华人民共和国科学技术部令第 17 号），决定对《科学技术成果鉴定办法》《社会力量设立科学技术奖管理办法》等两部规章予以废止。今后各级行政管理部门不得再自行组织科技成果评价工作，改为第三方专业机构对科技成果进行客观、公正的评价。

（2）评估机构不断发展。随着政府、市场化科技成果评估的不断深化开展，政府事业单位、行业协会、学会、高校、科研院所以及社会化评估机构等组成的多元化评估主体体系逐步形成。2014 年，国家科学技术奖励工作办公室探索市场导向的科技成果评价机制，开展了科技成果评价试点工作，建立了 15 个试点单位共 32 家试点评价机构，不断完善评估机构建设，逐步实现多元化、规范化和专业化的发展。近年来，市场化的评估机构不断涌现，北京市科技成果评价机构市场化程度越来越高，在目前超过 30 家机构中，民营企业与其他社会团体占主体地位；2018 年四川省科技评价研究机构、企业、行业协会等 60 余家单位成立了四川省科技成果评价服务联盟。

（3）评估标准规范逐步建立。随着科技成果评价工作的市场化发展，在科技成果评估标准化方面进行了许多有益的探索。2009 年发布了国家标准《科学技术研究项目评价通则》（GB/T 22900—2009），提出的利用技术就绪度评价科学技术研究项目的标准化评价方法，为开展科技项目成果评价提供了重要方法支撑。2015 年科技部农村中心制定了国家标准《农业科技成果评价技术规范》（GB/T 32225—2015），建立了采用同行评议打分法对农业类应用开发、软科学、基础研究三类成果进行评价的规范。2019 年，中国标准化协会发布团体标准《应用技术类科技成果评价规范》（T/CAS 347—2019），针对应用技术类成果，建立了以先进度、成熟度和创新度为核心指标的评价方法。上述标准的提出，有效地规范了行业发展，为科技成果评估机构的工作提供了有效指导。

（4）激励机制不断创新。为激发各地科技评估工作热情、促进科技成果评估工作的开展，我国多地也出台了多项激励政策机制。例如，湖南省制定了科技成果评价的激励机制和行业管理制度。2016 年以来，在科技成果转移转化后补助项目中将科技成果评价项目纳入补助范围，对湖南省 300 余项科技成果评价项目进行补助，补助金额近 200 万元。又如，上海市修订了《上海市科技创新券管理办法（试行）》，积极拓展科技创新券用于科技成果价值评估等科技成果转化全链条服务。

（5）人才队伍培训逐渐加强。根据科技成果评价机制改革的要求，我国逐步建立了评估人才队伍，各地积极开展科技成果评价培训工作。例如，截至 2019 年，青岛市举办多期"海洋＋科技评估专业人员"、科技成果标准化评价培训，累计培育科技评估专业人员 300 余人。同时，青岛市科学技术局组织编写了《科技成果标准评价理论与实务》一书，并将其作为培训教材，面向全国推广青岛评价体系。另外，天津、上海也开展了科技成果评估专业人才的相关培训。

3.2.3　水利科技成果评估发展现状

水利部科技推广中心印发的《水利部科技推广中心水利科技成果评价管理办法》，针对基础研究类、应用技术类、软科学研究类、科学普及类水利科技成果规定了评价内容、形式和程序等，并明确了各类水利科技成果的分类评价指标。目前开展的水利科技成果评价，秉承"服务水利中心工作，服务水利科技创新发展"的理念，对水利科技成果的科学性、创新性、先进性和应用前景开展评价。

其中，应用技术类水利科技成果评价的指标主要有：技术创新程度，技术经济指标的先进程度，技术难度和复杂程度，技术重现性和成熟度，技术创新对推动科技进步和提高市场竞争能力的作用，取得的经济效益和社会效益。

目前，尚未有针对水利科技成果推广转化情况开展的专项评估工作，即对应用类水利科技成果的推广转化阶段、推广转化价值、推广转化方向需要开展专项评估。

3.3 后评估方法研究进展

3.3.1 指标体系评价法

指标体系评价法是按照确定的目标，在对被评价对象进行系统分析的基础上，由表征评价对象各方面特性及其相互联系的多个指标构成指标体系，并通过一定的数学模型将多个评价指标值"合成"为一个整体性的综合评价值。评价工作主要包括评价指标体系的构建和多指标综合评价两大部分。

3.3.1.1 评价指标体系的构建

评价指标体系是指由表征评价对象各方面特性及其相互联系的多个指标，所构成的具有内在结构的有机整体。随着人们活动领域的不断扩大，所面临的评价对象日趋复杂，人们不能只考虑系统的某一方面，必须全面地从整体的角度考虑问题，所需考虑的因素也越来越多，规模越来越大；同时评价工作也正朝着多层次多目标综合化的方向发展。因此，如何将这些因素加以综合，使其可以表示为单一的综合评价值，是指标体系评价法工作中的重点与难点。由于递阶层次结构可以较为方便地描述系统功能的依存关系，同时也是分解复杂系统的较为方便的方式，更重要的是这种描述方式符合人类处理复杂事物的思维习惯，所以，综合评价中的指标体系结构大都是用递阶层次结构来表示。

3.3.1.2 多指标综合评价

多指标综合评价，就是指通过一定的数学模型将多个评价指标值"合成"为一个整体性的综合评价值,其主要工作是各项指标权重的确定和指标体系的综合评价。指标的权重是指标对总目标的贡献程度,可以将其看作是把各指标联结为一个整体的量的纽带。指标的权重应是指标评价过程中其相对重要程度的一种主观客观度量的反映。各评价指标权重确定后,在对被评价对象的各项指标值分别进行评定的基础上,再通过一定的数学模型对评价对象开展综合评价。

权重的确定方法分为主观和客观两种赋权方法。主观赋权法中的专家评分法是目前应用较多的确定权重的方法,虽然具有一定的主观性,但由于众多评价对象的复杂性、模糊性、不确定性等,这种经验判断得出的结论有时也较准确。基于数学方法的客观赋权法在运用过程中所需数据量大,运算量大,处理复杂,因此一般较少应用。

3.3.2 专家评判法

专家评判法是一种多目标决策的优化选择方法,依赖专家的经验、知识,集诸多专家的意见为一体,经综合分析、加权处理与矩阵运算,得出较为客观的各方案的排序,使复杂问题得到解决。专家评判法是出现较早且应用较广的一种评价方法。其最大的优点在于,能够在缺乏足够统计数据和原始资料的情况下做出定量估计。专家评判法的主要步骤是:首先根据评价对象的具体情况选定评价指标,对每个指标均定出评价等级,每个等级的标准用分值表示;然后以此为基准,由专家对评价对象进行分析和评价,确定各个指标的分值,采用加法评分法、乘法评分法或加乘评分法求出各评价对象的总分值,从而得到评价结果。

按照不同的形式可以分为专家个人判断法、专家会议法、前提分析法、德尔菲法和列名小组法。

(1)专家个人判断法:征求专家个人的意见、看法和建议,然后对这些意见、看法和建议加以归纳、整理而得出一般结论。

(2)专家会议法:根据一定的原则选定一定数量的专家,按照一定的方式组织会议，给专家提供信息和意见表，再对意见表的结果进行统计分析，得出结论。

（3）前提分析法：不直接研究备选方案本身，而是找出方案可行的前提假设，由专家组对其进行分析，如果前提假设能够成立，则说明这个方案基本上是可行的。

（4）德尔菲法：20世纪40年代由美国兰德公司所提出。先确定专家组成员；由调查者拟定调查表，以函件的方式向专家组成员提供信息和提出问题；专家组成员又以匿名的方式（函件）提交意见；调查者再汇总专家们的意见，发出调查表让专家们比较自己与他人的意见，再给出新的评价；经过几次反复征询和反馈，专家组成员的意见逐步趋于集中，最后获得具有很高准确率的集体判断结果。

（5）列名小组法：是改进了德尔菲法的缺陷（过程复杂、耗时长）产生的一种新的预测方法。采用函询与集体讨论相结合的方式征求专家意见的方法。它是把专家请来分成若干个小组，每人发一张卡片，虽在一个小组内也互不通气，只用书面形式回答问题。小组负责人把答案收集后，将多种意见都公布出来，请专家进一步考虑，然后投案表决，只表示同意与否，不做辩论。形成小组意见后，再开全体专家会议讨论，重新投票，按票数确定意见。

专家评价的准确程度，主要取决于专家的阅历经验以及知识丰富的广度和深度。要求参加评价的专家对评价的系统具有较高的学术水平和丰富的实践经验。总的来说，专家评判法具有使用简单、直观性强的特点，但其理论性和系统性尚有欠缺，有时难以保证评价结果的客观性和准确性。

3.3.3 层次分析法

层次分析法是由美国运筹学家、匹兹堡大学教授萨蒂于20世纪70年代初提出的，当时匹兹堡大学在为美国国防部开展"根据各个工业部门对国家福利的贡献大小而进行电力分配"课题研究时，应用了网络系统理论和多目标综合评价方法，提出了一种层次权重决策分析方法，即层次分析法。

层次分析法属于运筹学中的多目标决策优化问题的研究范畴。该方法将一个复杂的多目标决策优化问题作为一个系统，将目标分解为多个目标或准则，进而分解为多指标或因素组成的若干层次，通过定性指标的量化方法计算出各层次指标或因素的权重，作为多目标优化问题解决方案的决策依据。

层次分析法本质上是一种定量和定性相结合的方法，是分析多目标、多准则情况下复杂问题的重要工具。它具有逻辑清晰、方法简便、系统性较强以及适用性广泛等特点，在运用过程中又综合专家的意见与经验，将经验判断进行定量描述，不仅可以有效避免逻辑推理在结构复杂和方案较多的情况下的差错，而且适合于无法完全用定量方法进行研究的决策问题。基于以上优点，层次分析法在多个领域得到广泛的重视和应用，成为解决众多社会经济问题的重要手段。目前，层次分析法主要应用在能源系统分析、城市规划、经济管理、科研评价等诸多领域。

第4章

水利科技成果推广转化后评估方法体系和制度研究

4.1 水利科技成果推广转化后评估方法体系

4.1.1 后评估价值维度

习近平总书记在 2016 年两院院士大会上指出："要改革科技评价制度，建立以科技创新质量、贡献、绩效为导向的分类评价体系，正确评价科技创新成果的科学价值、技术价值、经济价值、社会价值、文化价值。"因而科技成果评估应重点关注以下五个价值维度。

（1）科学价值：通过对客观世界各种事物的属性与本质及运动规律的认识，发现其对人类的生存与发展所能产生的意义。

（2）技术价值：通过技术应用，科技成果对技术进步及生产力发展所能产生的作用。

（3）经济价值：科技成果应用或转让所取得的直接经济效益、间接经济效益、潜在经济效益。

（4）社会价值：科技成果应用过程在环境、生态、资源等保护与合理利用、提高人们生活水平、防灾减灾、保障社会和谐、经济及持久发展等方面，为社会、环境、居民等带来的综合效益。

（5）文化价值：科技成果所具有的文化性质或者能够反映文化形态的属性，对于人类和社会所产生的作用。

水利科技成果推广转化后评估，主要针对应用类水利科技成果开展，评估水利科技成果的质量、贡献和绩效，主要侧重于技术价值、经济价值和社会价值维度的评估。

4.1.2　后评估方法

科技成果评估常用的方法有同行评议法（专家评判法）、标准化评价法（指标体系评价法）、知识产权分析评议法、无形资产评估相关方法等。

（1）同行评议法（专家评判法）。由从事相同或相近研究领域的专家来判断成果价值，是科技成果评估中应用最多和历史最悠久的方法。该方法属于定性方法，操作简单，且评估结果易于使用。缺陷和不足在于评估结果受专家主观判断影响较大，评估结论不具有可重复性和可检验性。因此，在选择专家的时候，尽量选取科技成果的用户方专家，可对成果的实际应用情况做出较为客观的判断。

（2）标准化评价法（指标体系评价法）。根据相关评价标准、规定、方法和专家咨询意见，由评估方根据科技成果评价的原始材料，通过建立工作分解结构，对每个工作分解单元的相关指标进行等级评定，并得出标准化评价结果的方法。特点是将专家的作用前置，由专家根据科技成果的共性特点，明确评价的相关指标及所需材料，建立一系列评价标准。评估方根据成果持有方提供的证明材料及相关数据，对比评价标准规定的等级，确定最终评价结论。优点是，评价结果是以证明材料为支撑的，可信度高，且标准化评价指标等级的设计是与科技成果的本质特征密切相关的，在科技成果转化中有实际参考意义；缺点是，确定能够被客观评价的指标较难，建立与指标一一对应的评价标准较难，需要评估方具备专业评估能力。

（3）知识产权分析评议法。考虑影响知识产权价值的各种因素，对科技成果的知识产权价值进行评估的方法。首先需要明确知识产权评估的目的，鉴定知识产权的权属及类型，分析专利布局质量、专利不可规避性、依赖性、侵权可判定性及时效性等，并最终确定该成果的知识产权价值。

（4）无形资产评估相关方法。主要有收益法、市场法、成本法等。

1）收益法：已批准的专利、商标与商誉、版权的评估主要采用收益法。收益法评估是基于一项财产的具体价值，主要取决于在未来这一财产拥有者经济利益的现值。

2）市场法：以现有的价格作为价格评定的基准，通过对市场的调研，一般选择几个或者更多的被评估资产作为被交易的资产参照，把待评估的资产与之对比，并适当地对价格进行浮动调整。

3）成本法：以重新建造或购置与被评估资产具有相同用途和功效的资产现时需要的成本作为计价标准，根据不同的评估依据，成本法可分为复原重置成本法和更新重置成本法。成本法中的成本是为创造财产而实际产生的费用的总和，主要用于不产生收益的构成企业组成部分的机器设备及不动产的评估。

水利科技成果推广转化后评估，需要从技术水平、效益分析、知识产权等方面开展综合评估，因此采用标准化评价法，通过对二级指标进行分级和打分，得出标准评价分数，并给出各项水利科技成果未来的推广转化建议。

4.1.3 后评估指标体系

水利科技成果推广转化后评估指标体系包括定量和定性的因素或变量，用来衡量水利科技成果推广转化活动的成效。指标体系设计遵循"SMARTED"原则，即：具体的（specific，指标含义清晰，不产生歧义）、可衡量的（measurable，有确定的评价标准对其进行衡量和分析）、可获得的（attainable，资料可获取或易挖掘）、相关的（relevant，与水利科技成果推广转化活动的贡献和成效密切相关，并能为管理部门提供有用信息）、在限时条件下可实现的（time-bound，评估工作本身耗费的时间和人力等成本合理可控）、今后依然存在和可用的（eternal，现阶段和今后都存在的指标）和直接指向的（direct，指标直接表达被评估活动的产出和成效，不需要经过复杂的运算获得间接指标）。通过开展后评估工作，对水利科技成果推广转化活动进行评估，并对水利科技成果推广转化活动需要强化的地方进行挖掘，给出未来水利科技成果推广转化工作发展方向指引。

在水利科技成果推广转化后评估过程中，根据水利科技成果不同维度价值评估的需求，结合评估工作本身的目的（即评估水利科技成果的技术成熟程度、是否适宜推广转化以及后续推广转化工作方向等）选择适宜的评估指标。

水利科技成果推广转化后评估工作，主要针对应用类技术成果的评估，指标体系主要有以下三个方面：技术水平、效益分析、知识产权，对应的指标体系及释义，见表 4 - 1。

表 4 - 1　水利科技成果推广转化后评估指标体系及释义

序号	一级指标	二级指标	指标释义	证明材料	备注
1	技术水平	技术先进性	应用类水利科技成果与国内外同类成果相比，其技术方法、设备性能、功能参数及其他技术指标的水平及优越性。主要从技术原理、技术构成和技术进步等三个方面评估技术的优越程度	水利部新产品鉴定证书、国家新产品目录、第三方检测报告、论文等	质量
2		技术成熟度	衡量应用类水利科技成果满足预期应用目标的程度	技术凭证（技术报告、实验报告、销售合同、到款发票等）	质量
3		技术创新性	说明应用类水利科技成果在国际、国内、行业等特定范围内取得的技术突破以及突破的程度，衡量技术原理及构成是完全自主的原始创新、集成技术创新还是引进模仿国外先进技术创新，是否掌握核心技术及技术集成，打破国外技术封锁的程度	查新报告等	质量

续表

序号	一级指标	二级指标	指标释义	证明材料	备注
4	效益分析	被采纳程度	水利科技成果是否被主管部门/用户采纳,用户满意度/体验感受如何,能否为日常业务需求提供解决问题的方案	业务需求对接情况、验收意见、批复文件、用户满意度调查表、表扬信等	贡献、成效
5		经济效益	分析应用类水利科技成果已产生或可能产生的经济价值,从已有或潜在的市场规模、市场竞争、营业收入及其发展趋势等分析	销售合同、到款发票等	贡献、成效
6		社会效益	体现应用类水利科技成果在推动科技进步及社会发展,提高人们物质文化生活水平方面的作用,具体体现在能源、人力等社会成本的消耗,对科学与生产力发展的影响,对污染物与废弃物排放的影响,对生态环境的影响,对人民物质生活、文化与思想水平、健康与幸福水平等方面的影响,对社会稳定、公共卫生、公共安全等方面的影响,对就业、税收的影响,对国内政治发展、国家国际地位及国家安全等方面的影响	科技成果评价报告,第三方影响分析报告等	贡献、成效
7	知识产权	专利布局	确定所取得的知识产权现在的价值和未来的价值,包括应用类水利科技成果对应的知识产权保护情况、整体专利情况、核心技术竞争力等	专利信息	质量
8		专利的时效性	反映所取得的知识产权是否在有效期内	专利信息	质量
9		专利奖	反映所取得的知识产权是否获得专利优秀奖等奖项	专利奖证书等	质量

4.1.4 指标赋分方法

水利科技成果推广转化后评估指标的赋分方法采用百分制,总分100分。针对一级指标（技术水平、效益分析、知识产权）对水利科技成果推广转化质量、贡献和绩效的重要性，赋予不同的权重，给出各项一级指标的总分值；针对二级指标首先进行等级划分，然后进行逐项评分。赋分方法和标准统一，便于各项水利科技成果推广转化情况之间的对比。

二级指标的等级划分，见表4-2～表4-7。后评价指标赋分方法见表4-8。

表 4-2　　　　　应用类水利科技成果技术先进度等级表

级别	定　　义
第七级	在国际范围内，该成果的核心指标值领先于该领域其他类似技术的相应指标
第六级	在国际范围内，该成果的核心指标值达到该领域其他类似技术的相应指标
第五级	在国内范围内，该成果的核心指标值领先于该领域其他类似技术的相应指标
第四级	在国内范围内，该成果的核心指标值达到该领域其他类似技术的相应指标
第三级	该技术成果的核心指标达到国家标准或行业标准
第二级	该技术成果的核心指标达到地方标准或企业标准
第一级	该技术成果的核心指标暂未达到上述任何要求

表 4-3　　　　　应用类水利科技成果技术成熟度等级表

标准模板		含　　义
第十三级	回报级	收回投入稳赚利润
第十二级	利润级	利润达到投入的20%
第十一级	盈亏级	批产达到盈亏平衡点
第十级	销售级	第一个销售合同回款
第九级	系统级	实际通过任务运行的成功考验
第八级	产品级	实际系统完成并通过实验验证
第七级	环境级	在实际环境中的系统样机试验
第六级	正样级	相关环境中的系统样机演示
第五级	初样级	相关环境中的部件仿真验证
第四级	仿真级	研究室环境中的部件仿真验证
第三级	功能级	关键功能分析和实验结论成立

续表

标准模板		含　义
第二级	方案级	形成了技术概念或开发方案
第一级	报告级	观察到原理并形成正式报告

表 4 - 4　　应用类水利科技成果技术创新度等级表

级别	定　义
第四级	水利科技成果的技术创新点在国际范围内，在所有应用领域中都检索不到
第三级	水利科技成果的技术创新点在国际范围内，在某个应用领域中检索不到
第二级	水利科技成果的技术创新点在国内范围内，在所有应用领域中都检索不到
第一级	水利科技成果的技术创新点在国内范围内，在某个应用领域中检索不到

表 4 - 5　　应用类水利科技成果被采纳程度等级表

级别	含　义
第三级	水利科技成果被主管部门/用户完全采纳，用户满意度/体验感受良好，直接对接日常业务需求，准确完整提供解决问题方案
第二级	水利科技成果被主管部门/用户部分采纳，用户满意度/体验感受尚可，对接日常业务需求范围，提供了解决问题方案
第一级	尚未被水利科技成果主管部门/用户采纳，用户满意度/体验感受一般，对接日常业务需求有偏差，尚未提供解决问题方案

表 4 - 6　　应用类水利科技成果经济效益等级表

级别		含　义
第三级	显著	已产生或可能产生的经济价值显著，从已有或潜在的市场规模、市场竞争、营业收入、与前期投入的对比等分析，经济效益非常突出
第二级	明显	已产生或可能产生的经济价值明显，从已有或潜在的市场规模、市场竞争、营业收入、与前期投入的对比等分析，经济效益明显
第一级	一般	已产生或可能产生的经济价值一般，从已有或潜在的市场规模、市场竞争、营业收入、与前期投入的对比等分析，经济效益一般

表 4 - 7　　应用类水利科技成果社会效益等级表

级别		含　义
第三级	显著	水利科技成果的推广转化，分析其对科学与生产力发展的影响、对污染物与废弃物排放的影响、对生态环境的影响，正面影响显著

级别		含 义
第二级	明显	水利科技成果的推广转化，分析其对科学与生产力发展的影响、对污染物与废弃物排放的影响、对生态环境的影响，正面影响明显
第一级	一般	水利科技成果的推广转化，分析其对科学与生产力发展的影响、对污染物与废弃物排放的影响、对生态环境的影响，正面影响一般

表 4-8　应用类水利科技成果后评估指标赋分方法

一级指标	二级指标	等级	等级说明	赋分值	赋分说明
技术水平（28分）	技术先进性（7分）	第七级	在国际范围内，该成果的核心指标值领先于该领域其他类似技术的相应指标	7	
		第六级	在国际范围内，该成果的核心指标值达到该领域其他类似技术的相应指标	6	
		第五级	在国内范围内，该成果的核心指标值领先于该领域其他类似技术的相应指标	5	
		第四级	在国内范围内，该成果的核心指标值达到该领域其他类似技术的相应指标	4	
		第三级	该技术成果的核心指标达到国家标准或行业标准	3	
		第二级	该技术成果的核心指标达到地方标准或企业标准	2	
		第一级	该技术成果的核心指标暂未达到上述任何要求	1	
	技术成熟度（13分）	第十三级	收回投入稳赚利润	13	
		第十二级	利润达到投入的20%	12	
		第十一级	批产达到盈亏平衡点	11	
		第十级	第一个销售合同回款	10	
		第九级	实际通过任务运行的成功考验	9	
		第八级	实际系统完成并通过实验验证	8	

一级指标	二级指标	等级	等级说明	赋分值	赋分说明
技术水平（28分）	技术成熟度（13分）	第七级	在实际环境中的系统样机试验	7	
		第六级	相关环境中的系统样机演示	6	
		第五级	相关环境中的部件仿真验证	5	
		第四级	研究室环境中的部件仿真验证	4	
		第三级	关键功能分析和实验结论成立	3	
		第二级	形成了技术概念或开发方案	2	
		第一级	观察到原理并形成正式报告	1	
	技术创新性（8分）	第四级	水利科技成果的技术创新点在国际范围内，在所有应用领域中都检索不到	8	
		第三级	水利科技成果的技术创新点在国际范围内，在某个应用领域中检索不到	6	
		第二级	水利科技成果的技术创新点在国内范围内，在所有应用领域中都检索不到	5	
		第一级	水利科技成果的技术创新点在国内范围内，在某个应用领域中检索不到	3	
效益分析（52分）	被采纳程度（18分）	第三级	水利科技成果被主管部门/用户完全采纳，用户满意度/体验感受良好，直接对接日常业务需求，准确完整提供解决问题方案	18	
		第二级	水利科技成果被主管部门/用户部分采纳，用户满意度/体验感受尚可，对接日常业务需求范围，提供了解决问题方案	12	
		第一级	尚未被水利科技成果被主管部门/用户采纳，用户满意度/体验感受一般，对接日常业务需求有偏差，尚未提供解决问题方案	5	

一级指标	二级指标	等级	等级说明	赋分值	赋分说明
效益分析 （52分）	经济效益 （20分）	第三级	已产生或可能产生的经济价值显著，从已有或潜在的市场规模、市场竞争、营业收入、与前期投入的对比等分析，经济效益非常突出	20	已有累计销售收入/技术服务收入是前期投入的 10 倍以上；年销售收入/技术服务收入是年投入的 5 倍以上；市场占有率达到50％以上
		第二级	已产生或可能产生的经济价值明显，从已有或潜在的市场规模、市场竞争、营业收入、与前期投入的对比等分析，经济效益明显	10	已有累计销售收入/技术服务收入是前期投入的 2～9 倍；年销售收入/技术服务收入是年投入的 2～4 倍；市场占有率达到10％～49％
		第一级	已产生或可能产生的经济价值一般，从已有或潜在的市场规模、市场竞争、营业收入、与前期投入的对比等分析，经济效益一般	5	已有累计销售收入/技术服务收入是前期投入的 2 倍以下；年销售收入/技术服务收入是年投入的 2 倍以下；市场占有率不足 10％
	社会效益 （14分）	第三级	水利科技成果的推广转化，分析其对科学与生产力发展的影响、对污染物与废弃物排放的影响、对生态环境的影响，正面影响显著	14	
		第二级	水利科技成果的推广转化，分析其对科学与生产力发展的影响、对污染物与废弃物排放的影响、对生态环境的影响，正面影响明显	8	

续表

一级指标	二级指标	等级	等级说明	赋分值	赋分说明
效益分析（52分）	社会效益（14分）	第一级	水利科技成果的推广转化，分析其对科学与生产力发展的影响、对污染物与废弃物排放的影响、对生态环境的影响，正面影响一般	4	
知识产权（20分）	专利布局（10分）	第三级	知识产权现在的价值和未来的价值增长潜力显著，水利科技成果对应的知识产权保护良好，整体专利取得情况良好，具备核心技术竞争力	10	
		第二级	知识产权现在的价值和未来的价值增长潜力较好，水利科技成果对应的知识产权保护较好，整体专利取得情况较好	5	
		第一级	知识产权现在的价值和未来的价值增长潜力不明显，需加大研发力度，水利科技成果对应的知识产权保护一般，整体专利取得情况较少	2	
	专利的时效性（6分）	第三级	所取得的知识产权在有效期内	6	
		第二级	所取得的知识产权在续费补救期内	3	
		第一级	所取得的知识产权失效	1	
	专利奖（4分）	第二级	所取得的知识产权获得专利奖、发明奖等奖项	4	
		第一级	所取得的知识产权尚未获得专利奖、发明奖等奖项	1	

4.2 水利科技成果推广转化后评估制度

4.2.1 后评估流程

水利科技成果推广转化后评估的整体流程包括：前期准备、信息收集、分析评估、形成报告。其中报告应包括对水利科技成果推广转化的技术水平评估、取得的经济效益和社会效益分析、知识产权布局分析等内容,并形成评估结论,以及针对该项水利科技成果未来的推广工作,提出建议。水利科技成果推广转化后评估流程如图 4-1 所示。

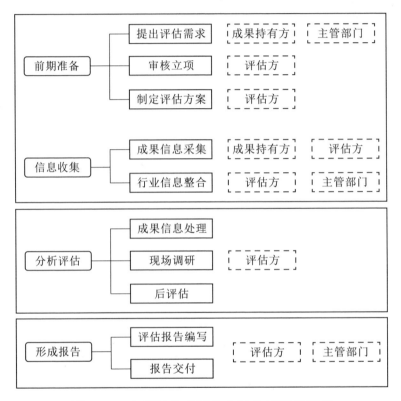

图 4-1　水利科技成果推广转化后评估流程

(1) 前期准备:水利科技成果推广转化后评估,由主管部门组织开展,主管部门提出评估计划,成果持有方提出评估需求;考虑水利行业的公益性属性,选定推广转化后评估工作的评估方;立项后,由评估方针对科技成果的特色制订评估方案,做好前期准备。

(2) 信息收集:评估对象的成果信息,主要由成果持有方提供,评估方进行收集整理;行业信息收集,由水利科技推广主管部门指导,评估方进行整合梳理。

（3）分析评估：由评估方开展水利科技成果推广转化的后评估分析工作。评估方根据科技成果本身的特色，从技术水平、推广转化效益、知识产权布局等方面开展评估，给出该成果推广转化的整体情况。

（4）形成报告：评估方编制水利科技成果推广转化后评估报告，提出未来科技成果推广转化的方向和措施建议，并交付成果持有方和主管部门。

4.2.2 后评估组织实施

水利科技成果评估主体包括组织者、评估方、委托方（成果持有方）。

（1）组织者是各级水利科技成果推广主管部门，负责制定水利科技成果评估计划、评估要求、组织方式等。

（2）评估方是水利科技成果评估的执行单位，是第三方科技成果评估机构，由于水利行业的公益性属性较强，可以由组织方水利科技成果推广主管部门指定或委托。

（3）委托方（成果持有方）是水利科技成果持有单位，负责提出水利科技成果评估需求、委托评估任务、提供评估经费、提供相关材料支持和提供评估条件保障。

水利科技成果推广转化后评估工作常年开展。根据各司局职能需求和市场需求，结合每年先进实用技术重点推广指导目录和委托方（成果持有方）提出的评估需求，由各级水利科技推广主管部门统一组织，每年分批选取应用类水利科技成果，开展推广转化情况的后评估，给出各项水利科技成果推广转化的未来发展方向，供组织方和委托方参考和使用。

评估方式分为：自评估、第三方评估、成果抽查。自评估是成果持有方根据自身发展需求，按照标准化评价法整理相关素材，根据赋分方法体系开展水利科技成果推广转化情况的评估，评估结果作为摸底参考。自评估工作自愿开展。第三方评估是由行业主管部门或委托方（成果持有方）选取评估方，组织专家队伍，根据委托方（成果持有方）提供的相关材料，开展水利科技成果推广转化情况的评估。成果抽查，是对自评估和第三方评估结论的复核工作，对水利科技成果最新的推广转化情况进行证明材料的抽查和核验。

第5章

后评估典型案例

以近年来 A 单位研发取得的典型水利科技成果为案例，采用上述标准化评价法给出的赋分方法，对典型水利科技成果的推广转化情况开展评估，分析水利科技成果的质量、贡献和绩效，通过评分给出技术水平、效益分析、知识产权的评估结论，进而提出水利科技成果下一步推广转化的方向建议。

经过多年靶向研究，A 单位形成多项核心技术和产品。近年来，在水利科技成果推广转化中开展了各项工作，成效明显。本书选取涉及城市洪涝灾害防御、水资源调度、水环境治理和水生态修复、水土保持监测、山洪灾害预警预报、水利工程动态监管的部分核心技术成果，开展水利科技成果推广转化情况的评估。

A 单位部分核心技术成果见表 5-1。

表 5-1　　　　　　　A 单位部分核心技术成果

序号	技　术	产　品	专　业	对接业务需求
1	城市洪涝实时监测、模拟及防御技术	ZJ.NLJC-01 型一体化内涝监测设备；多因子关联大数据挖掘模型；通用性洪水演进模型 HydroMPM_FloodRisk	洪涝灾害防御、水利信息化	城市洪涝灾害防御；防洪排涝规划；防洪影响论证；洪水模拟分析与评价；洪水风险图编制；内涝风险图编制；城市洪涝预测预警；洪涝风险区划与动态评估；等等

续表

序号	技　术	产　品	专　业	对接业务需求
2	水资源综合调度关键技术	基于并行计算的水库群洪枯季长短嵌套多目标综合调度模型	水文水资源	防洪调度；枯季水量调度；鱼类繁殖期水量调度；水库-闸泵群联合调度；等等
3	城镇水环境治理和水生态修复关键技术	整体观-平衡观-辩证观视域下的"水力控导＋水质提升＋水生态系统构建"三位一体的珠三角城镇水生态修复技术体系；水体收割收集多功能一体机；基于太阳能的智慧型水生态修复成套装置	水环境水生态	河长制、湖长制考核技术支撑；水环境整治；水生态修复；河涌治理；等等
4	天地一体化立体监测技术	基于多尺度遥感的时空信息空天采集；基于便携型设备的时空信息现场快速采集；水土流失防治效果定量评价；生产建设项目水土保持监管信息系统	水利遥感	河湖生态空间管控；水政执法监督；水土保持监测；水土保持方案编制；水土保持方案验收；等等
5	山洪灾害监测预警关键技术	山洪灾害遥测终端；智慧型山洪灾害村级预警系统；水库下游洪水动态模拟与预警服务系统	洪涝灾害防御、水利信息化	山洪灾害的洪水预报预警；防汛业务；等等
6	水利工程动态监管系统	多通道水库动态监控装置；声波水位计；声波雨量计	水利信息化	水库（水电站）动态监管；大坝安全（渗流）监测；渠道流量监测；水库尾水水质监测；等等

5.1 城市洪涝实时监测、模拟及防御技术

5.1.1 城市洪涝实时监测、模拟及防御技术成果简介

A单位自主研发了一整套城市洪涝实时监测、模拟及防御技术，形成内涝智慧感知设备、内涝风险预测技术、洪水演进模型、洪灾实时预报预警系统等技术和产品。

其中，基于窄带物联网的内涝智慧感知设备（ZJ.NLJC-01型一体化内涝监测设备）及基于大数据挖掘的内涝风险预测技术（多因子关联大数据挖掘模型），全程跟踪和预报了广州市"5·22"暴雨10个监测点的内涝积水过程，并对内涝风险进行预警，为城市管理部门提供了决策依据，给公众提供了出行指引，并在第一时间赶赴现场对城区1、城区2内涝成因进行分析，提出解决内涝灾害的对策与建议。

自主研发的适用于多种类型洪水的通用性洪水演进模型HydroMPM_FloodRisk，突破了流域复杂河网洪水、河口沿海风暴潮精准模拟难题。主要用于对洪涝风险区各种洪、潮、雨、涝进行模拟计算分析。在国产洪水模拟软件中率先实现了GPU并行计算，攻克了高精度建模下流域尺度洪水高速模拟技术瓶颈。A单位首次利用新安江模型建立了流域蓄水容量与下垫面综合因子的非线性方程，构建了具有物理机制的半分布式XAJ-CN模型。A单位研发了集实景建模-洪水预报-实时模拟-洪灾评估-动态展示于一体的洪水实时模拟与洪灾动态评估平台，提高了洪灾实时预报预警和应急决策能力。

该项洪涝实时监测、模拟及防御技术成果获得2019年中国大坝工程学会科学技术奖一等奖。该项技术成果成功应用于深圳惠州市西枝江流域实时洪水预报系统、深圳市防洪（潮）排涝规划（2021—2035年）中，获得业主和专家组的高度评价和认可。该项技术成果可应用于涉水工程防洪影响论证、洪水模拟分析与评价、洪水风险图编制、内涝风险图编制、城市洪涝预测预警、洪涝风险

区划与动态评估。已被珠江、黄河、松辽流域及广东、广西、湖北、海南等防汛主管部门广泛应用于防洪减灾决策，应用项目100 余项，合同额达 2 亿元，社会效益显著。

5.1.2 城市洪涝实时监测、模拟及防御技术推广转化后评估

城市洪涝实时监测、模拟及防御技术，推广转化情况评估打分和支撑材料情况见表 5-2。

表 5-2　城市洪涝实时监测、模拟及防御技术推广转化评估表

一级指标	二级指标	等级	等 级 说 明	赋分值	支撑材料
合计				95	
技术水平（28分）	技术先进性（7分）	第七级	在国际范围内，该成果的核心指标值领先于该领域其他类似技术的相应指标	7	科学技术成果评价报告［大坝学（评）字〔2019〕第 11 号］：该项成果整体达到国际领先水平
	技术成熟度（13分）	第十三级	收回投入稳赚利润	13	技术服务合同：前期投入 1000 万元，累计合同额超 2 亿元
	技术创新性（8分）	第三级	水利科技成果的技术创新点在国际范围内，在某个应用领域中检索不到	6	查新报告
效益分析（52分）	被采纳程度（18分）	第三级	水利科技成果被主管部门/用户完全采纳，用户满意度/体验感受良好，直接对接日常业务需求，准确完整提供解决问题方案	18	应用及经济效益证明：珠江防总办、广东省三防办、海南省水务厅、广西壮族自治区防办、湖北省防办、松辽委防办、黄委防御局
	经济效益（20分）	第三级	已产生或可能产生的经济价值显著，从已有或潜在的市场规模、市场竞争、营业收入、与前期投入的对比等分析，经济效益非常突出	20	应用及经济效益证明：前期投入 1000 万元，累计合同额超 2 亿元。已有累计销售收入/技术服务收入是前期投入的 10 倍以上

续表

一级指标	二级指标	等级	等级说明	赋分值	支撑材料
效益分析（52分）	社会效益（14分）	第三级	分析水利科技成果对科学与生产力发展的影响、对污染物与废弃物排放的影响、对生态环境的影响，正面影响显著	14	应用及经济效益证明：提供了洪水管理的新理念、新思路、新方法，保障了人民群众的生命及财产安全，具有广泛的社会环境效益
知识产权（20分）	专利布局（10分）	第三级	知识产权现在的价值和未来的价值增长潜力显著，水利科技成果对应的知识产权保护良好，整体专利取得情况良好，具备核心技术竞争力	10	各项子技术成果获得发明专利2项，软件著作权11项，"洪水风险分析软件HydroMPM-FloodRisk"进入国家防汛抗旱总指挥部办公室的《全国重点地区洪水风险图编制项目可选软件目录》；"基于高速计算的洪涝风险模拟与动态评估技术"入选《雄安新区水资源保障能力技术支撑推荐短名单》防灾减灾领域成熟适用技术
	专利的时效性（6分）	第三级	所取得的知识产权在有效期内	6	专利信息：专利均在有效期内
	专利奖（4分）	第一级	所取得的知识产权尚未获得专利奖、发明奖等奖项	1	尚未获得专利奖、发明奖

5.1.3 城市洪涝实时监测、模拟及防御技术未来推广转化建议

从水利科技成果推广转化后评估赋分情况来看，该项水利科技成果总评分95分，整体推广转化情况良好。其中，技术水平26分（满分28分），整体处于国际领先水平；效益分析52分（满分52分），被水行政主管部门、用户等采纳，提供了有效的问题解决

方案，并取得显著的经济和社会效益；知识产权 17 分（满分 20 分），取得多项知识产权，并获得中国大坝学会科学技术奖一等奖，尚未取得专利奖、发明奖。

建议继续加大技术研发力度，结合主管部门和用户的实际需求，加强如下科研攻关方向：城市群精细化实时洪水预报大数据挖掘技术、高度城镇化区域内涝预警预报关键技术、河口风暴潮预警技术等，并继续开发已有软件的其他功能模块；根据研发最新进展情况，及时申请升级版软件的知识产权保护；申报发明奖或专利奖；申请创新团队。

5.2 水资源综合调度关键技术

5.2.1 水资源综合调度关键技术成果简介

经过多年研究，A 单位提出水库、堤防工程扰动下的洪水演进参数辨识方法，融合了统计分析、水动力耦合模拟等多技术手段，分级量化了西江上游水库建设前后洪水传播时间，精细化描述了中下游洪水出槽、回归的物理过程；基于防洪调度模型研究了珠江干支流系统性洪水类型，提出了多节点洪水类型动态识别与防洪调度联动的策略、方法与优化规则；构建了基于并行计算的水库群洪枯季长短嵌套多目标综合调度模型，并提出了西江干流骨干水库群汛末蓄水方式；创建了多动力、多物质场耦合作用下的感潮网河区闸泵群联合调度模式，充分考虑了闸泵调控下的内外江动力、物质实时交互过程，建立了多目标、多约束闸泵群调度模型，实现了复杂感潮网河区面向水环境改善、抑咸供水的精细化调度。

成果获得 2017 年大禹水利科学技术奖一等奖。针对流域水文变异规律辨识、水库群洪枯季全要素调度和三角洲内外江交互作用下的闸泵群多目标调度三大关键问题，开展的珠江流域骨干水库-闸泵群综合调度成套关键技术已被水利部、珠江水利委员会、广东省应用于防洪、水资源调度工作，并在龙滩、岩滩、长洲等水利枢纽运行调度中应用，取得了显著的经济效益和社会效益，推广应用前景广阔。

5.2.2 水资源综合调度关键技术推广转化后评估

水资源综合调度关键技术推广转化评估结果见表5-3。

表5-3 水资源综合调度关键技术推广转化评估结果

一级指标	二级指标	等级	等级说明	赋分值	支撑材料
合计				80	
技术水平（28分）	技术先进性（7分）	第四级	在国内范围内，该成果的核心指标值达到该领域其他类似技术的相应指标	7	科学技术成果评价报告〔中水学（评）字〔2017〕第10号〕
	技术成熟度（13分）	第九级	实际通过任务运行的成功考验	9	科学技术成果评价报告〔中水学（评）字〔2017〕第10号〕
	技术创新性（8分）	第二级	水利科技成果的技术创新点在国内范围内，在所有应用领域中都检索不到	5	查新报告
效益分析（52分）	被采纳程度（18分）	第三级	水利科技成果被主管部门/用户完全采纳，用户满意度/体验感受良好，直接对接日常业务需求，准确完整提供解决问题方案	18	中国水利学会优秀论文；应用及效益证明：广东省防汛防旱防风总指挥部、龙滩水电开发有限公司龙滩水力发电厂、大唐岩滩水力发电有限责任公司
	经济效益（20分）	第二级	已产生或可能产生的经济价值明显，从已有或潜在的市场规模、市场竞争、营业收入、与前期投入的对比等分析，经济效益明显	10	应用及效益证明：广东省防汛防旱防风总指挥部、龙滩水电开发有限公司龙滩水力发电厂、大唐岩滩水力发电有限责任公司
	社会效益（14分）	第三级	分析水利科技成果的推广转化对科学与生产力发展的影响，对污染物与废弃物排放的影响，对生态环境的影响，正面影响显著	14	应用及效益证明：在珠江流域枯季水量调度、流域防汛减灾、河涌水质改善等工作中，社会效益、生态效益显著

一级指标	二级指标	等级	等级说明	赋分值	支撑材料
知识产权（20分）	专利布局（10分）	第三级	知识产权现在的价值和未来的价值增长潜力显著，水利科技成果对应的知识产权保护良好，整体专利取得情况良好，具备核心技术竞争力	10	专利信息：成果取得9项发明专利，9项实用新型专利
	专利的时效性（6分）	第三级	所取得的知识产权在有效期内	6	专利信息：所获得专利均在有效期内
	专利奖（4分）	第一级	所取得的知识产权尚未获得专利奖、发明奖等奖项	1	尚未获得专利奖、发明奖

5.2.3 水资源综合调度关键技术未来推广转化建议

从水利科技成果推广转化后评估赋分情况来看，该项水利科技成果总评分80分，整体推广转化情况待加强。其中，技术水平21分（满分28分），整体处于国内领先水平；效益分析42分（满分52分），被水行政主管部门等采纳，提供了有效的问题解决方案，并取得显著的经济和社会效益；知识产权17分（满分20分），取得多项知识产权，并获得大禹水利科学技术奖一等奖，尚未取得专利奖、发明奖。

建议结合水资源供需矛盾突出的问题，继续加大技术研发力度，提出如下科研攻关方向：流域非常规水源利用潜力与参与调度的方案分析、水资源承载力约束下的西江、北江、东江三江水资源联动统一调度关键技术、"以水定产"的流域产业需求下的水资源调度应急方案；流域生态调度和枯季水量调度的衔接；加强市场集中推广力度和成果宣传力度，进一步适应流域和地方快速发展的多目标需求；根据研发最新进展情况，及时申请知识产权保护；申请创新团队。

5.3 城镇水环境治理和水生态修复关键技术

5.3.1 城镇水环境治理和水生态修复关键技术成果简介

该成果提出整体观-平衡观-辩证观视域下的"水力控导＋水质提升＋水生态系统构建"三位一体的珠三角城镇水生态修复技术体系，并研发多项水环境治理和水生态修复技术。围绕水生态修复工程的目标、设计和优化三个层次，开展珠三角城镇河湖健康评估、水生态修复技术研发、水生态修复工程优化和决策支持系统研究。该成果开展了系列水环境治理和水生态修复的技术和产品研究，包括水力控导技术、好氧反硝化菌脱氮技术、聚氨酯基高效生物载体技术、沉箱式生物处理技术、浮岛式生物处理技术、多廊道生态过滤技术、菌种繁殖播撒技术等；研发了包含溶解氧平衡系统、浮游植物生长系统、氮/磷循环系统，且能够耦合模拟底泥污染物释放过程、水生态工程去污过程和修复水体污染物迁移转化过程的水生态数学模型，并创建基于数值模拟的水生态修复工程优化和决策支持系统。最后从区域层面出发，提出适用于珠三角城镇内河感潮河网、感潮河涌、感潮湖塘、封闭水体和点源污染 5 种水生态修复模式，并开展工程示范。

A 单位自主研发了水体收割收集多功能一体机，主要可用于景观湖塘、水库、河涌等水体水生态修复及日常维护，具有体积小、重量轻、操作灵活、功能多样、环保节能、智能防盗等功能。该成果已经成功应用于广东省佛山市南海区、汕头市潮南区练江峡山大溪的景观水体水绵和水面漂浮物打捞工作中，提升了水体打捞工作效率，满足了不同水体维护和河长制、湖长制考核工作要求。

A 单位自主研发了基于太阳能的智慧型水生态修复成套装置，融合了水质实时监测、水力控导、低功耗控制等关键水生态修复技术，在佛山市禅城区石湾镇街道深村涌生态治理项目和暨南大学华文学院龙湖生态治理工程应用中，根据水体水质参数自动调节运行控制方式，显著提升了水体活力，高效复氧了底层水体，对工程治理后的水质维持和持续性水生态修复产生了较好的效果，实现了水质的良性循环。

该成果获得 2015 年和 2017 年大禹水利科学技术奖二等奖。研究成果在珠三角地区（包括澳门）的 70 余项水环境整治和水生态修复工程中得到应用，合同额达 8000 余万元，节约生态修复成本 25%，产生了显著的社会经济和生态环境效益，获澳门特别行政区港务局、广州市水务局、深圳市水务局、珠海市水务局、中山市水务局、佛山市水务局、东莞市水务局等水利主管部门及其他用户的一致好评。

5.3.2 城镇水环境治理和水生态修复关键技术推广转化后评估

城镇水环境治理和水生态修复关键技术推广转化评估结果见表 5-4。

表 5-4 城镇水环境治理和水生态修复关键技术推广转化评估结果

一级指标	二级指标	等级	等级说明	赋分值	支撑材料
合计				94	
技术水平（28分）	技术先进性（7分）	第六级	在国际范围内，该成果的核心指标值达到该领域其他类似技术的相应指标	6	科学技术成果鉴定证书［鉴字〔2015〕第2021号］：项目成果总体上达到国际先进水平，在感潮河网水生态修复技术方面达到国际领先水平
	技术成熟度（13分）	第十三级	收回投入稳赚利润	13	前期研发投入近 500 万元，技术服务合同额 8000 余万元
	技术创新性（8分）	第三级	水利科技成果的技术创新点在国际范围内，在某个应用领域中检索不到	6	查新报告

续表

一级指标	二级指标	等级	等级说明	赋分值	支撑材料
效益分析（52分）	被采纳程度（18分）	第三级	水利科技成果被主管部门/用户完全采纳，用户满意度/体验感受良好，直接对接日常业务需求，准确完整提供解决问题方案	18	应用及效益证明：成果在澳门、广州、深圳、佛山、东莞、中山、珠海等地区70余项水环境整治和水生态修复工程中得到了应用，产生了显著的社会经济和生态环境效益
	经济效益（20分）	第三级	已产生或可能产生的经济价值显著，从已有或潜在的市场规模、市场竞争、营业收入、与前期投入的对比等分析，经济效益非常突出	20	应用及效益证明：前期研发投入近500万元，技术服务合同额8000余万元。成果在澳门、广州、深圳、佛山、东莞、中山、珠海等70余项水环境整治和水生态修复工程中得到了应用，产生了显著的社会经济和生态环境效益
	社会效益（14分）	第三级	分析水利科技成果对科学与生产力发展的影响，对污染物与废弃物排放的影响，对生态环境的影响，正面影响显著	14	应用及效益证明：成果在澳门、广州、深圳、佛山、东莞、中山、珠海等的70余项水环境整治和水生态修复工程中得到了应用，产生了显著的社会经济和生态环境效益
知识产权（20分）	专利布局（10分）	第三级	知识产权现在的价值和未来的价值增长潜力显著，水利科技成果对应的知识产权保护良好，整体专利取得情况良好，具备核心技术竞争力	10	专利信息：成果取得发明专利3项，实用新型专利2项，软件著作权1项，水利先进实用技术推广证书2项

续表

一级指标	二级指标	等级	等级说明	赋分值	支撑材料
知识产权（20分）	专利的时效性（6分）	第三级	所取得的知识产权在有效期内	6	专利信息：专利均在有效期内
	专利奖（4分）	第一级	所取得的知识产权尚未获得专利奖、发明奖等奖项	1	尚未获得专利奖、发明奖

5.3.3 城镇水环境治理和水生态修复关键技术未来推广转化建议

从水利科技成果推广转化后评估赋分情况来看，该项水利科技成果总评分94分，整体推广转化情况良好。其中，技术水平25分（满分28分），整体处于国际先进水平；效益分析52分（满分52分），被水行政主管部门、用户等采纳，提供了有效的问题解决方案，并取得显著的经济和社会效益；知识产权17分（满分20分），取得多项知识产权，并获得大禹水利科学技术奖二等奖2项，广东省科学技术进步奖1项，尚未取得专利奖、发明奖。

建议：结合新时期四大水问题（水资源短缺、水污染、水生态损害和洪涝灾害）和河湖长制的技术支撑要求，继续加大技术研发力度，除提供水生态修复和水环境治理的解决方案外，集中研发小微水体水质提升的水上智能机器人、黑臭底泥的理化固化与无害化技术、藻华应急处理和长效治理技术等的成套设备或产品，并进行推广；加大该项科技成果和后续研发成果在各类示范点的集成应用；根据研发最新进展情况，及时申请知识产权保护和新产品鉴定；申报发明奖或专利奖；申请创新团队。

5.4 天地一体化立体监测技术

5.4.1 天地一体化立体监测技术成果简介

针对当前生产建设项目水土保持监管缺乏信息化技术和工具支

撑的关键难题，通过对监管需求和对象信息特征的深入研究，构建深度解析监管对象的多层次多维度时空信息模型，提出生产建设项目时空信息天地一体化快速定量采集、分析、管理等关键技术，包括：基于多尺度遥感的时空信息空天采集、基于便携型设备的时空信息现场快速采集、水土流失防治效果定量评价等技术，并提出涵盖时空信息采集、分析和管理的天地一体化监管技术体系与流程，建成生产建设项目水土保持监管信息系统，为实现"全覆盖、高频次、精细化、高度协同、规范化"生产建设项目水土保持监管目标提供技术和工具支撑。

2011 年以来，各级部门投资超过 2000 万元用于该项技术成果的前期研发，参与前期研发的技术人员超过 80 人。

A 单位通过与水利部水土保持司和水利部水土保持监测中心合作，组织将天地一体化立体监测技术转化应用于全国生产建设项目水土保持信息化监管工作。具体转化过程如下：① 2015—2016 年，项目成果在全国 38 个示范县超过 20 万 km^2 开展示范应用；② 2017—2018 年，项目成果在全国 253.9 万 km^2 共 1128 个县级行政区推广应用；③ 2017—2018 年，项目成果应用于七大流域机构开展的水利部部管生产建设项目水土保持监管，实现水利部部管在建项目监管全覆盖。

截至 2019 年年底，A 单位在全国 10 余个省（自治区）开展本项技术成果推广转化工作，签署合同数十项，获得的成果转化直接收益超过 7793 万元。

该项技术成果全面应用于全国范围内的生产建设项目水土保持监管领域。2015 年以来，实现了全部水利部批复的在建项目监管全覆盖和全国累计面积超过 300 万 km^2 范围在建生产建设项目监管的区域全覆盖。自 2019 年起，应用该项技术在全国 960 万 km^2 每年至少开展 1 次在建项目监管全覆盖。

5.4.2 天地一体化立体监测技术推广转化后评估

天地一体化立体监测技术推广转化评估结果见表 5-5。

表5-5 天地一体化立体监测技术推广转化评估结果

一级指标	二级指标	等级	等 级 说 明	赋分值	支撑材料
合计				86	
技术水平（28分）	技术先进性（7分）	第六级	在国际范围内，该成果的核心指标值达到该领域其他类似技术的相应指标	6	科学技术成果评价报告〔中水学（评价）字〔2019〕第12号〕：与国内外同类技术相比，该项目技术成果在生产建设项目水土保持监管对象复杂信息的采集分析关键技术、技术集成、信息系统等方面具有先进性
	技术成熟度（13分）	第十三级	收回投入稳赚利润	13	
	技术创新性（8分）	第一级	水利科技成果的技术创新点在国内范围内，在某个应用领域中检索不到	3	
效益分析（52分）	被采纳程度（18分）	第三级	水利科技成果被主管部门/用户完全采纳，用户满意度/体验感受良好，直接对接日常业务需求，准确完整提供解决问题方案	18	
	经济效益（20分）	第三级	已产生或可能产生的经济价值显著，从已有或潜在的市场规模、市场竞争、营业收入、与前期投入的对比等分析，经济效益非常突出	20	应用及效益证明；科学技术成果评价报告〔中水学（评价）字〔2019〕第12号〕：采用该技术节省监管经费8780.1万元；技术咨询和服务合同额累计超8000万元

续表

一级指标	二级指标	等级	等级说明	赋分值	支撑材料
效益分析（52分）	社会效益（14分）	第三级	水利科技成果的推广转化，分析其对科学与生产力发展的影响，对污染物与废弃物排放的影响，对生态环境的影响，正面影响显著	14	应用及效益证明；科学技术成果评价报告〔中水学（评价）字〔2019〕第12号〕；经济、社会、生态效益显著；遏制了人为水土流失对社会、环境的影响，保护了人民生命财产安全，产生了良好的社会效益；有效防控水土流失风险、大幅度降低了流入江河湖库的泥沙量，减少水土流失对耕地、江河湖库、植被等资源的破坏，保护了生态环境资源
知识产权（20分）	专利布局（10分）	第二级	知识产权现在的价值和未来的价值增长潜力较好，水利科技成果对应的知识产权保护较好，整体专利取得情况较好	5	成果获发明专利5项，实用新型专利2项，软件著作权1项，水利先进实用技术推广证书1项
	专利的时效性（6分）	第三级	所取得的知识产权在有效期内	6	专利均在有效期内
	专利奖（4分）	第一级	所取得的知识产权尚未获得专利奖、发明奖等奖项	1	尚未获得专利奖、发明奖

5.4.3 天地一体化立体监测技术未来推广转化建议

从水利科技成果推广转化后评估赋分情况来看，该项水利科技成果总评分86分，整体推广转化情况良好。其中，技术水平22分（满分28分），整体处于国际先进水平；效益分析52分（满分 52 分），被水行政主管部门、用户等采纳，提供了有效的问题解决方案，并取得显著的经济和社会效益；知识产权 12 分（满分 20 分），已经取得专利等知识产权，并获得大禹水利科学技术奖三等奖 2 项，尚未取得专利奖、发明奖。

建议：结合水土保持监管工作和河湖长制的技术支撑要求，继续加大技术研发力度，加强成果宣传，继续做好成果推广工作；及时申请知识产权保护和新产品鉴定；申报发明奖或专利奖；申请创新团队。

5.5 山洪灾害监测预警关键技术

5.5.1 山洪灾害监测预警关键技术成果简介

A 单位长期致力于山洪灾害监测预警关键技术研究和产品研发。自主研发的山洪灾害遥测终端支持水位、雨量、图像、风速、风向、土壤含水量、蒸发量等多要素监测，针对山洪监测站点所处位置偏远、自然环境恶劣的特殊性，采用 GPRS 为主信道，北斗卫星作为备用信道，支持太阳能及风能供电，无须铺设电缆线，即可直接在野外安装。自主研发的智慧型山洪灾害村级预警系统可通过多种渠道多种方式及时发布山洪灾害预警信息，保障预警可靠发布和及时发布。最新研发的水库下游洪水动态模拟与预警服务系统，通过水利智慧感知、高精度预报模型、水库群联合调度、实景三维洪水模拟、智能预警体系等关键技术集成，实现了水库调度在线决策，成功支撑了海南省三防业务需求。该成果中的 24G 雷达水位、流速非接触测定传感器、北斗卫星数据透传装置、移动巡检系统等产品微功耗、工业级电子元器件、高防护等级外壳、卓越防水性能等特点，非常适用在野外高温高湿的恶劣条件下长期应用。应用多链路通信技术，保障了监测预警信息的可靠传输，利用预警广播、北斗终端、户外大屏幕、微信、短信等多种手段实现了全方位立体式的预警发布，实现了预警到村、预警到户、预警到人，真正做到可靠预警。

山洪灾害监测预警关键技术累计投入研发资金近1000万元，研究开发团队包括信息化、水文水资源、自动化、地图学与地理信息系统等各类专业人才近60人。转化方式主要为依托本山洪灾害监测预警关键技术对外承接技术开发、技术咨询和技术服务，合同金额累计逾4亿元。

　　山洪灾害监测预警关键技术为山洪灾害的洪水预报提供了丰富数据来源，有效提高了危险区的山洪灾害监测预警能力，提高数据的可靠性和时效性，为各级防汛抗旱指挥部门的防灾减灾工作提供数据支撑、设备支持和决策支持，为山洪危险区人民群众避洪转移提供宝贵的时间，大大减少了人民群众生命财产损失。

5.5.2　山洪灾害监测预警关键技术推广转化后评估

　　山洪灾害监测预警关键技术推广转化评估结果见表5-6。

表5-6　山洪灾害监测预警关键技术推广转化评估结果

一级指标	二级指标	等级	等级说明	赋分值	支撑材料
合计				84	
技术水平 (28分)	技术先进性 (7分)	第五级	在国内范围内，该成果的核心指标值领先于该领域其他类似技术的相应指标	5	成果评价意见：综合指标达到了国内领先水平
	技术成熟度 (13分)	第十三级	收回投入稳赚利润	13	成果评价意见：产品符合国家和行业相关标准，具备了批量生产的条件。在海南省、广东省建设山洪灾害监测预警站点3000余个，合同额逾4亿元
	技术创新性 (8分)	第一级	水利科技成果的技术创新点在国内范围内，在某个应用领域中检索不到	3	查新报告

续表

一级指标	二级指标	等级	等 级 说 明	赋分值	支撑材料
效益分析（52分）	被采纳程度（18分）	第三级	水利科技成果被主管部门/用户完全采纳，用户满意度/体验感受良好，直接对接日常业务需求，准确完整提供解决问题方案	18	在2018年博鳌论坛期间，海南省山洪灾害监测预警系统平台受到习近平总书记的高度认可和肯定。工程用户意见：提高了民众的山洪灾害防御意识，扩大了预警及宣传信息的覆盖范围，为群测群防体系提供了新的思路
	经济效益（20分）	第三级	已产生或可能产生的经济价值显著，从已有或潜在的市场规模、市场竞争、营业收入、与前期投入的对比等分析，经济效益非常突出	20	已有累计销售收入/技术服务收入是前期投入的10倍以上，在海南省、广东省建设山洪灾害监测预警站点3000余个，合同额逾4亿元
	社会效益（14分）	第二级	分析水利科技成果对科学与生产力发展的影响，对污染物与废弃物排放的影响，对生态环境的影响，正面影响明显	8	工程用户意见：提高了民众的山洪灾害防御意识，扩大了预警及宣传信息的覆盖范围，为群测群防体系提供了新的思路
知识产权（20分）	专利布局（10分）	第三级	知识产权现在的价值和未来的价值增长潜力显著，水利科技成果对应的知识产权保护良好，整体专利取得情况良好，具备核心技术竞争力	10	专利信息：成果取得发明专利3项，实用新型专利5项，软件著作权5项，水利先进实用技术推广证书5项，水利部新产品鉴定证书1项
	专利的时效性（6分）	第三级	所取得的知识产权在有效期内	6	专利均在有效期内
	专利奖（4分）	第一级	所取得的知识产权尚未获得专利奖、发明奖等奖项	1	尚未获得专利奖、发明奖

5.5.3　山洪灾害监测预警关键技术未来推广转化建议

从水利科技成果推广转化后评估赋分情况来看，该项水利科技成果总评分 84 分，整体推广转化情况较好。其中，技术水平 21 分（满分 28 分），整体处于国内领先水平；效益分析 46 分（满分 52 分），被水行政主管部门、用户等采纳，提供了有效的问题解决方案，并取得显著的经济效益和较好的社会效益；知识产权 17 分（满分 20 分），取得多项知识产权，并获得海南省科学技术奖，取得水利部新产品鉴定证书，尚未取得专利奖、发明奖。

建议：结合新时期水灾害防御的技术支撑要求，继续加大技术研发力度，加强核心技术产品参数提升和更新换代，集中研发基于物联网、AI、大数据的水利智慧化监管技术，并进行推广；申报发明奖或专利奖；申请创新团队。

5.6　水利工程动态监管系统

5.6.1　水利工程动态监管系统成果简介

水利工程动态监管系统主要功能是将水利工程现场的水位、降水量、实时现场图像、水质、闸门状态乃至大坝安全等信息加密后实时或定时动态地传输到管理部门的服务器，经解密校验后自动存入后台数据库，并由水利工程动态监管及预警系统对数据进行管理、查询、显示和预警。该技术突破信息采集、传输与预警方面的技术瓶颈，以高度集成的方案解决了水利工程量多、分散、信息采集困难的难题，满足了水利工程动态监测的特殊需求，为防汛抗旱、水资源管理及水利工程管理等提供有效技术支持。

水利工程动态监管系统 2007 年 3 月开始立项研究。经过长期的实验对比和研制，从投入式压力水位计和翻斗式雨量计转而进行声波水位计和声波雨量计的研制。与此同时，也对防雷技术进行深入研究，提出并实验成功一种隔绝式防雷系统，进而完善了一套新型的、基于声波技术的水利工程动态监管系统。经过实验室的研制、测试，又经过水文部门的检测，最终于 2011 年开始面向市场推出了这套系统。基于声波技术的动态监管系统在推广之初，主要应用对象是小型水库。但很快发现它不仅仅适用于水库，同样也适用于河道、泵站、水闸等水利工程的动态监测，甚至也适用于排水系统的流量监测。同时通过产品改进，将高精度的水位测量应用于大坝安全（渗流）以及渠道流量监测，并进一步研发了五参数水质监测终端，对水库及河道水质进行监测。

水利工程动态监管系统集成了多通道水库动态监控装置、声波式水位计、声波式雨量计等三个中国优秀专利技术。自投入生产以来，累计产量 25000 余套，实现销售额 63263 万元，利润约为 7443 万元。该系统已经在广东、广西、江西、湖南、贵州、四川、安徽、河南等省（自治区）得到了广泛的应用，在全国 17 个省份的 140 个市 802 个县的 21000 余宗水利工程共安装了 25000 多套动态监管系统，在泰国、越南以赠送方式安装了 5 套，目前主要应用于水库、河道、水闸、排涝渠、泵站等水利工程的水雨情、工情、气象、水质等方面的在线监测。通过水利工程动态监管系统的实施，可以提高工程安全保障力度，增强上下游的防灾减灾能力，减少灾害损失，从而产生巨大的间接经济效益。目前，正在对产品进行升级完善，并申请第三方产品测试和软件产品备案。

5.6.2 水利工程动态监管系统推广转化后评估

水利工程动态监管系统推广转化评估结果见表 5-7。

表 5-7　　水利工程动态监管系统推广转化评估结果

一级指标	二级指标	等级	等级说明	赋分值	支撑材料
合计				88	
技术水平（28 分）	技术先进性（7 分）	第六级	在国际范围内，该成果的核心指标值达到该领域其他类似技术的相应指标	6	科技成果鉴定报告：总体达国际先进水平，在声波水位计和雨量计测量技术方面达到国际领先水平

续表

一级指标	二级指标	等级	等级说明	赋分值	支撑材料
技术水平（28分）	技术成熟度（13分）	第十三级	收回投入稳赚利润	13	在全国17个省份21000余宗水利工程（水库、河道、水闸、水电站、泵站等）项目中成功安装运行，并提供了可靠实时数据
	技术创新性（8分）	第一级	水利科技成果的技术创新点在国内范围内，在某个应用领域中检索不到	3	查新报告
效益分析（52分）	被采纳程度（18分）	第三级	水利科技成果被主管部门/用户完全采纳，用户满意度/体验感受良好，直接对接日常业务需求，准确完整提供解决问题方案	18	在全国17个省份21000余宗水利工程（水库、河道、水闸、水电站、泵站等）项目中成功安装了25000多套，用户体验良好
	经济效益（20分）	第三级	已产生或可能产生的经济价值显著，从已有或潜在的市场规模、市场竞争、营业收入、与前期投入的对比等分析，经济效益非常突出	20	在全国17个省份21000座水库共安装了25000多套，市场占有率70%以上
	社会效益（14分）	第二级	分析水利科技成果对科学与生产力发展的影响，对污染物与废弃物排放的影响，对生态环境的影响，正面影响明显	8	科技成果鉴定报告：提高工程安全保障，增强上下游的防灾减灾能力，减少灾害损失，从而产生巨大的社会效益
知识产权（20分）	专利布局（10分）	第三级	知识产权现在的价值和未来的价值增长潜力显著，水利科技成果对应的知识产权保护良好，整体专利取得情况良好，具备核心技术竞争力	10	成果取得发明专利5项，实用新型专利10项，获中国专利优秀奖3项，水利部新产品鉴定3项

续表

一级指标	二级指标	等级	等级说明	赋分值	支撑材料
知识产权（20分）	专利的时效性（6分）	第三级	所取得的知识产权在有效期内	6	专利均在有效期内
	专利奖（4分）	第二级	所取得的知识产权获得专利奖、发明奖等奖项	4	获得中国专利优秀奖3项

5.6.3 水利工程动态监管系统未来推广转化建议

从水利科技成果推广转化后评估赋分情况来看，该项水利科技成果总评分88分，整体推广转化情况良好。其中，技术水平22分（满分28分），整体处于国际先进水平，专项技术处于国际领先水平；效益分析46分（满分52分），被水行政主管部门、用户等采纳，提供了有效的问题解决方案，并取得显著的经济效益和较好的社会效益；知识产权20分（满分20分），取得多项知识产权，并获得大禹水利科学技术奖三等奖1项，中国专利优秀奖3项，水利部新产品鉴定3项。

建议：结合新时期四大水问题和河湖长制的技术支撑要求，继续加大技术研发力度，研发基于大数据和AI的设备或产品，并进行产品更新换代；申请第三方产品测试和软件产品备案；申报发明奖；申请创新团队。

第6章

水利科技成果推广转化
未来工作方向

6.1 科技成果培育与征集

6.1.1 完善科研组织管理方式

在制定科技发展规划、编制科研项目指南时，充分吸收科技成果需求端（企业等）的意见和建议，靶向科研项目立项，促成有用科技成果形成，促进科技成果向现实生产力转化；在科技项目立项时，明确项目承担单位的科技成果转化义务，科技成果转化情况纳入项目绩效考核指标；加强知识产权管理，将知识产权的创造、运用作为项目立项和验收的重要指标。

6.1.2 加强科技成果登记和汇交

全面实施水利科技成果登记管理，规范各级技术指导目录管理。根据《中华人民共和国促进科技成果转化法》（2015年修正）、《关于实施创新驱动发展战略 加强水利科技创新若干意见》（水国科〔2017〕10号）、《关于促进科技成果转化的指导意见》（水国科〔2018〕30号）和《科技成果登记办法》（国科发计字〔2000〕542号）的规定，加强水利科技成果登记，链接国家科技成果信息系统，建立全行业科技成果信息系统和水利科技成果信息发布平台。加强科技成果管理与科技计划项目管理的有机衔接，明确由财政资金设立的应用类科技项目承担单位的科技成果转化义务，开展应用类科技项目成果以及基础研究中具有应用前景的科研项目成果信息汇交。鼓励非财政资金资助的科技成果进行汇交。在科技进步奖评审条件中，增加科技成果登记要求。

6.1.3 完善科技成果评价制度

建立完善水利科技成果评价制度，加强水利科技成果分类评价，建立以水利科技成果质量、贡献、绩效为导向的分类评价体系，正确评价水利科技成果的技术价值、经济价值、社会价值等，并建立评价专家数据库。对标第三方专业科技成果评价机构，提高评价结论认可度，实现评价结论的可追溯、可查询、可追责，助力水利科技成果申报科学技术奖励，推动科技成果获得技术推广转化资金支持。

6.1.4 加强水利科技统计

在年度水利科技统计工作规划、培训和实施基础上，增加科技统计信息共享服务。纳入水利科技统计范围的二级机构间、二级机构所辖三级机构间可实现信息共享，通过对比提升科技创新积极性和科技成果转化力度；并与高技术产品及高技术服务科技统计、科学研究与技术服务业事业单位科技统计、人事部门统计的指标归一化。

6.2 科技成果转化平台建设

6.2.1 加强水利科技成果信息服务平台工作

为有效促进水利科技成果转化，水利部已经建立了水利科技成果信息服务平台。通过开展技术交流、培训、展览展示和推介活动，利用报刊、网络等形式，加强科技成果宣传力度。全方位加强水利科技宣传和技术推广工作，通过多种途径，不断推进水利科技成果推广转化。水利科技成果推广模式不断创新，以提升推广效益。

6.2.2 构建水利行业技术创新联盟

围绕习近平总书记"节水优先、空间均衡、系统治理、两手发力"治水思路和四大水问题的解决，发挥水利部科研机构的主导作用，联合企业、水利高校、科研院所构建水利行业技术创新联盟。适时采用实体化运行机制，为联盟成员单位中的需求端提供订制研发服务，为供给侧提供信息，联盟成员可共同承担重大科技成果转化项目，实现联合攻关、利益共享的有效机制。

6.2.3 引入技术转移服务机构力量

科研机构的优势在于科技创新和技术研发。科研人员精通专业技术，具有较深厚的科研背景，然而往往缺乏商务、法律、谈判能力。对应科技成果转化的策划和实施的专业化要求，科研机构应更多借助于第三方的力量，例如技术经纪人和科技成果转移转化专业服务机构。通过第三方力量或在科研机构内部设置专职技术转移转化机构，提供信息平台、技术评估、技术经纪等专业化服务，促进科技成果转化。

6.3 科技成果示范推广

6.3.1 做实工程技术研究中心

做强做实现有水利部工程技术研究中心。从每年财政预算中申请研发项目经费，支持对接行业需求的技术和产品研发工作，做实工程技术研究中心，并将工程技术研究中心发展成为产品研发、小试、中试熟化的综合平台。在工程技术研究中心评估工作中，纳入科技成果转化指标，推动科技创新和科技成果转化。

6.3.2 做强技术示范和推广基地

目前，全国已建成 300 余个农业节水示范地区、49 个部级水土保持科技示范园和 140 余个科技推广示范基地（园区），水利科技推广与技术服务体系基本建立。根据《水利部科技推广中心科技推广基地管理办法》（水技能〔2023〕40 号）和《水利先进实用技术"优秀示范工程"管理办法》的规定，做强现有水利科技推广示范基地，评选和宣传"优秀示范工程"，实现科技项目立项阶段提出的科技成果转化情况绩效考核要求。

6.3.3　推动水利科技成果产业化

建设水利科技成果产业化基地。借助全行业科技成果信息系统和水利科技成果信息发布平台，结合科技成果评价结论，筛选出推广前景良好、需求迫切的一批水利科技成果，并根据研发单位就近建设水利科技成果产业化基地，真正实现科技成果向现实生产力的转变，实现创新驱动发展，创造更大的经济效益、社会效益和生态效益。

6.4　科技成果推广转化机制建设

6.4.1　积极践行职务科技成果转化激励办法

在《关于实施创新驱动发展战略　加强水利科技创新若干意见》（水国科〔2017〕10 号）、《关于促进科技成果转化的指导意见》（水国科〔2018〕30 号）、《关于抓好赋予科研机构和人员更大自主权有关文件贯彻落实工作的通知》（国办发〔2018〕127 号）的基础上，对标国家国防科工局、教育部、科技部、交通运输部、农业部、国土资源部等部门，编制印发《水利部事业单位科研人员职务科技成果转化现金奖励纳入绩效工资管理实施意见》（水人事〔2022〕158 号），规范水利科技成果转化现金奖励行为，激励水利科技创新主体（水利科研机构、水利高等院校、企业等）科技人员的科技成果转化行为，打通科技与经济结合的通道，贯彻落实创新驱动发展战略。

6.4.2 积极践行水利科技推广平台的管理办法

水利部出台《水利部科技推广中心技术推广基地管理办法》和《水利部科技推广中心推广工作站管理办法》。根据上述两个办法要求，水利部科技推广中心应会同归口管理单位，开展技术推广基地的申报审批、建设运行、考核评估等工作；定期对技术推广基地、推广工作站工作情况进行考核评估。推广基地和推广工作站应定期开展和参加技术成果推广展示、交流研讨、技术培训、科普宣传等活动，加大成果宣传力度，逐步建立多元化的资金渠道，支撑本流域、本地区科技推广工作的开展，切实发挥辐射带动作用。

6.4.3 深化水利科技成果转化年度报告

2017 年以来，水利部部属科研机构每年向科技部指定的信息管理系统报送科技成果转化情况年度报告，同时汇集到水利部，水利部形成《水利部部属科研机构科技成果转化年度总结报告》。今后建议深化总结报告内容，力求依据各单位成果转化典型案例，提出新时期治水思路和新时期四大水问题下的行业科研攻关重点指导方向，并对技术推广、转化方式进行指导布局。

6.4.4 创新绩效考核体系和人才评价体系

建立有利于促进科技成果转化的绩效考核评价体系和人才评价体系，将水利科技成果获得、使用、推广、转化情况，纳入单位绩效考核评价体系和人才评价体系中，对转化绩效突出的单位及人员加大科研立项支持，在人才评价体系中体现科技成果转化赋分项或加分项，激励科技成果推广转化。

6.4.5 建立水利科技成果推广转化后评估制度

建立主管部门、用户、第三方评价和成果抽查相结合的推广转化成效评估机制，从应用型水利科技成果的质量、贡献、绩效等层面，分析水利科技成果推广转化的情况，评判水利科技成果的技术水平、推广转化效益和取得的知识产权等情况，并总结经验，吸取教训，提高效益，为未来水利科技成果推广转化提出方向建议。后评估完成后，由主管部门组织，不定期开展成果推广转化情况的抽查。发挥后评估结果导向作用，逐步建立以评估结果为依据的水利科技成果动态更新管理机制。

第7章

结论与建议

7.1 结论

　　水利部高度重视各科研机构科技成果推广转化工作，通过落实相关政策、加强制度建设、完善激励机制、保障资金投入、拓宽转化途径等多种方式，不断促进水利科技成果推广转化。目前科技成果推广转化政策有效落实、科技推广组织体系建设有所突破、水利科技推广手段日趋丰富，水利科技成果推广转化工作已经打开局面。尚存在一些问题，主要体现在以下方面：

　　（1）成果转化率不高。水利行业特点和水利科技成果的公益性决定了成果直接面向市场推广转化难度较大。据统计，2022年，各科研机构科技成果推广转化合同收入不足科技服务总合同收入的1%，转化率较低。

　　（2）供需对接不畅。科技成果与市场需求脱节，科研与经济"两张皮"现象依然存在，一些科技成果不能得到充分应用，而同时不少水利生产实践的科技成果需求得不到有效满足，缺乏完善的供需双方沟通渠道和平台。

　　（3）经费投入不足。以公益性为主的水利科技成果推广转化对社会资金的吸引力不足，同时，国家财政扶持和投入力度不够。资金规模和推广渠道不足制约了水利科技成果推广工作的顺利开展。

7.2 建议

针对目前水利科技成果推广转化工作取得的成绩和存在的问题，提出如下建议：

（1）创新科技成果评价机制，建立多元化科技成果评价体系。科技成果的价值应交由市场判断，通过市场行为决定价值高低，科技成果的价值实现只能以产品为载体，只有真正投入市场，转化为真实的经济效益，才能真正地实现成果的转化。应打破现有科技成果评价体系，创新科技成果的评价机制，建立以市场为主导的评价机制，突出对科技成果转化产生的实际效果进行跟踪评价。对投身不同方向的科研人员要进行分类评价，以能力和贡献为导向建立科学评价指标，对做出突出贡献的人员都应有所激励，充分调动和激发全体科研人员的积极性和创造性，推动优秀科技成果的转移转化。

（2）以市场需求为导向，探索水利科技成果推广转化的新模式。遵循"科技和市场手拉手""从市场中来，到市场中去"的科技创新和技术推广原则，在研判市场现状需求和未来潜在需求的基础上，确定水利科技创新的方向，避免科技创新与市场需求的脱节。可尝试鼓励组建产学研以及企业联合攻关的技术开发联合体，重点开展有市场潜力的科技成果的研发，使成果推广真正服务于市场，提升水利科技成果质量，提高水利科技成果转化率。

（3）尽快完善科技成果转化的制度保障。近年来，国家密集出台了促进科技成果转化的相关政策，但由于涉及部门较多，各单位在具体落实时仍缺乏有效的配套政策支持，致使科技成果转化工作难有实质性推动。下一步，水利科技成果推广转化工作应以《关于促进科技成果转化的指导意见》（水国科〔2018〕30 号）为基础，协调相关部门，尽快研究出台符合水利系统实际的科技成果转化管理办法，加快推进建立科技成果转化分配激励机制，为科技成果的推广转化提供坚实的制度保障。

（4）加大经费和人力投入力度。建议国家针对水安全保障领域开辟科技推广经费渠道，增加对水利科技推广工作的经费支持。有条件的单位，视各自情况，引入第三方技术转移机构的力量，或设置专业化技术转移机构，或设置专业的推广转化岗位，专营信息发布、成果评价、成果对接、经纪服务、知识产权管理与运用等工作。

参 考 文 献

常立农，2013. 正确看待科技成果转化率［J］. 科学·经济·社会，31（3）：170－172.

程波，2007. 我国高校科技成果转化率的研究［D］. 重庆：重庆大学.

郭强，夏向阳，赵莉，2012. 高校科技成果转化影响因素及对策研究［J］. 科技进步与对策（6）：157－159.

国家科技评估中心，中国科技评估与成果管理研究会，2019. 科技评估方法与实务［M］. 北京：北京理工大学出版社.

胡德胜，1992. 浅议科技成果转化率概念的界定及统计［J］. 科学学与科学技术管理，13（8）：25－26，51.

李苗苗，李海波，周孟宣，2019. 高校科技成果转化效率及其影响因素研究——基于教育部直属高校面板数据的实证［J］. 海峡科技与产业（5）：23－33.

李字庆，2007. SMART 原则及其与绩效管理关系研究［J］. 商场现代化（508）：148－149.

刘大海，李晓璇，王春娟，等，2015. 海洋科技成果转化率测算与预测研究［J］. 海洋经济，5（2）：19－23.

吕耀平，吴寿仁，劳沈颖，等，2007. 我国科技成果转化的障碍与对策探讨［J］. 中国科技论坛（4）：32－35.

马治海，2015. 我国科技成果转化的影响因素分析及对策建议［J］. 产业与科技论坛，14（23）：9－10.

沈健，2019. 中国科技成果转化率与美国差距有多大，问题在哪里？［R］. 北京：中国人民大学.

水利部国际合作与科技司，2019. 水利科技统计年度报告［R］. 北京：水利部国际合作与科技司.

水利部科技推广中心，2022. 水利部部属科研机构科技成果转化年度总结报告［R］. 北京：水利部科技推广中心.

王元地，2004. 科技成果转化的经济学分析［J］. 科技成果纵横（1）：27－29.

吴寿仁，2015. 创新思维力 [M]. 北京：新华出版社.

吴寿仁，2016. 科技成果转化操作实务 [M]. 上海：上海科学普及出版社.

吴寿仁，2018. 科技成果转化疑解 [M]. 上海：上海科学普及出版社.

吴寿仁，2019. 科技成果转化政策导读 [M]. 上海：上海交通大学出版社.

许树柏，1988. 层次分析法原理 [M]. 天津：天津大学出版社.

杨希越，2017. 浅谈科技成果转化影响因素研究与展望 [J]. 市场周刊·理论版（35）：206.

姚思宇，何海燕，2017. 高校科技成果转化影响因素研究：基于 Ordered Logit 模型实证分析 [J]. 教育发展研究，37（9）：51-58.

袁杰，袁汝华，2016. 水利科技成果评价指标体系构建及应用 [J]. 重庆理工大学学报（自然科学版），30（3）：134-139.

袁瑞钊，孙利辉，2013. DEA 方法在应用技术类科技成果评价中的应用 [J]. 青岛大学学报（自然科学版），30（3）：87-90.

张美书，吴洁，2008. 略论我国高校科技成果转化率低的原因及对策选择 [J]. 金融教育研究，22（1）：109-111.

张雨，2003. 农业科技成果转化率测算方法分析 [J]. 农业科技管理，25（3）：34-37.

赵蕾，林连升，杨宁生，等，2011. 综合评价方法在中国水产科学研究院科技成果转化率研究中的应用构想 [J]. 科技管理研究（6）：42-45.